“十三五”
国家重点出版物出版规划项目

ISCRI
INTERNATIONAL SMART CITY RESEARCH INSTITUTE
国际智慧城市研究院

中国生产力促进中心协会
国际智慧城市研究院

智慧城市实践系列丛书

智能家居实践

SMART HOME PRACTICE

主　编　吴红辉　滕宝红

U0304597

人民邮电出版社
北京

图书在版编目（CIP）数据

智能家居实践 / 吴红辉，滕宝红主编. -- 北京：
人民邮电出版社，2020.6（2024.7重印）
（智慧城市实践系列丛书）
ISBN 978-7-115-53542-9

Ⅰ. ①智… Ⅱ. ①吴… ②滕… Ⅲ. ①住宅—智能化
建筑—研究 Ⅳ. ①TU241

中国版本图书馆CIP数据核字(2020)第053185号

内 容 提 要

本书分两篇，第一篇是理论篇，第二篇是路径篇。第一篇介绍了智能家居的基本构架和主要应用、智能家居的发展和智能家居涉及的关键技术。第二篇介绍了智能家居的规划设计与实际落地应用、智能家居控制系统的建设、智能家电控制系统的建设、智能家居安防系统、智能照明控制系统以及发展智能家居的难点与对策。

本书适合智能家居建设的管理者、相关专业的研究人员和学生学习参考，也可供对智能家居感兴趣的人士阅读。

◆ 主　　编　吴红辉　滕宝红
　　责任编辑　贾朔荣
　　责任印制　彭志环

◆ 人民邮电出版社出版发行　　北京市丰台区成寿寺路11号
　　邮编　100164　　电子邮件　315@ptpress.com.cn
　　网址　https://www.ptpress.com.cn
　　固安县铭成印刷有限公司印刷

◆ 开本：700×1000　1/16
　　印张：13.5　　　　　　　　　2020年6月第1版
　　字数：281千字　　　　　　　2024年7月河北第3次印刷

定价：89.00元

读者服务热线：(010)53913866　印装质量热线：(010)81055316
反盗版热线：(010)81055315
广告经营许可证：京东市监广登字20170147号

智慧城市实践系列丛书

编 委 会

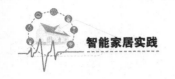
耿战修　　中国生产力促进中心协会常务副理事长

申长江　　中国生产力促进中心协会秘书长

聂梅生　　全国工商联房地产商会创会会长

郑效敏　　中华环保联合会粤港澳大湾区工作机构主任

乔恒利　　深圳市建筑工务署署长

杜灿生　　天安数码城集团总裁

陶一桃　　深圳大学"一带一路"研究院院长

曲　建　　中国（深圳）综合开发研究院副院长

胡　芳　　华为技术有限公司中国区智慧城市业务总裁

邹　超　　中国建筑第四工程局有限公司副总经理

张　嘉　　中国建筑第四工程局有限公司海外部副总经理

张运平　　华润置地润地康养（深圳）产业发展有限公司常务副总经理

熊勇军　　中铁十局集团城市轨道交通工程有限公司总经理

孔　鹏　　清华大学建筑可持续住区研究中心（CSC）联合主任

熊　榆　　英国萨里大学商学院讲席教授

林　熹　　哈尔滨工业大学材料基因与大数据研究院副院长

张　玲　　哈尔滨工程大学出版社社长兼深圳海洋研究院筹建办主任

吕　珍　　粤阳投资控股（深圳）有限责任公司董事长

晏绪飞　　深圳龙源精造建设集团有限公司董事长

黄泽伟　　深圳市英唐智能控制股份有限公司副董事长

李　榕　　深圳市质量协会执行会长

赵京良　　深圳市联合人工智能产业控股公司董事长

赵文戈　　深圳文华清水建筑工程有限公司董事长

余承富　　深圳市大拿科技有限公司董事长

冯丽萍　　日本益田市网络智慧城市创造协会顾问

杨　名　　浩鲸云计算科技股份有限公司首席运营官

李恒芳　　瑞图生态股份公司董事长、中国建筑砌块协会副理事长

朱小萍　　深圳衡佳投资集团有限公司董事长

李新传　　深圳市综合交通设计研究院有限公司董事长

刘智君　　深圳市誉佳创业投资有限公司董事长

何伟强　　上海派溯智能科技有限公司董事长兼总经理

黄凌峰　　深圳市东维丰电子科技股份有限公司董事长

杜光东　　深圳市盛路物联通讯技术有限公司董事长

何唯平　　深圳海川实业股份有限公司董事长

策　划　单　位：中国生产力促进中心协会智慧城市卫星产业工作委员会

卫通智慧（北京）城市工程技术研究院

总　策　划　人：刘玉兰　中国生产力促进中心协会理事长

申长江　中国生产力促进中心协会副理事长、秘书长

隆　晨　中国生产力促进中心协会副理事长

丛　书　主　编：吴红辉　中国生产力促进中心协会智慧城市卫星产业工作委员会主任

卫通智慧（北京）城市工程技术研究院院长

编 委 会 主 任：滕宝红

编委会副主任：郝培文　任伟新　张　徐　金典琦　万　众　苏秉华

王继业　萧　睿　张燕林　廖光煊　张云逢　张晋中

薛宏建　廖正钢　吴鉴南　吴玉林　李东荣　刘　军

季永新　孙建生　朱　霞　王剑华　蔡文海　王东军

林　梁　陈　希　潘　鑫　冯太川　赵普平　徐程程

李　明　叶　龙　高云龙　赵　普　李　坤　何子豪

吴兆兵　张　健　梅家宇　程　平　王文利　刘海雄

徐煌成　张　革　花　香　江　勇　易建军　戴继涛

董　超　匡仲潇　危正龙　杜嘉诚　卢世煜　高　峰

张　峰　于　千　张连强　赵姝帆　滕悦然

中国生产力促进中心协会策划、组织编写了《智慧城市实践系列丛书》(以下简称《丛书》),该《丛书》入选了国家新闻出版广电总局的"十三五"国家重点出版物出版规划项目,这是一件很有价值和意义的好事。

智慧城市的建设和发展是我国的国家战略。国家"十三五"规划指出:"要发展一批中心城市,强化区域服务功能,支持绿色城市、智慧城市、森林城市建设和城际基础设施互联互通"。中共中央、国务院发布的《国家新型城镇化规划(2014—2020年)》以及科技部等八部委印发的《关于促进智慧城市健康发展的指导意见》均体现出中国政府对智慧城市建设和发展在政策层面的支持。

《智慧城市实践系列丛书》聚合了国内外大量的智慧城市建设与智慧产业案例,由中国生产力促进中心协会等机构组织国内外近300位来自高校、研究机构、企业的专家共同编撰。该《丛书》注重智慧城市与智慧产业的顶层设计研究,注重实践案例的剖析和应用分析,注重国内外智慧城市建设与智慧产业发展成果的比较和应用参考。《丛书》还注重相关领域新的管理经验并编制了前沿性的分类评价体系,这是一次大胆的尝试和有益的探索。该《丛书》是一套全面、系统地诠释智慧城市建设与智慧产业发展的图书。我期望这套《丛书》的出版可以为推进中国智慧城市建设和智慧产业发展、促进智慧城市领域的国际交流、切实推进行业研究以及指导实践起到积极的作用。

中国生产力促进中心协会以该《丛书》的编撰为基础,专门搭建了"智慧城市研究院"平台,将智慧城市建设与智慧产业发展的专家资源聚集在平台上,持续推动对智慧城市建设与智慧产业的研究,为社会不断贡献成果,这也是一件十分值得鼓励的好事。我期望中国生产力促进中心协会通过持续不断的努力,将该平台建设成为在中国具有广泛影响力的智慧城市研究和实践的智库平台。

"城市让生活更美好,智慧让城市更幸福",期望《丛书》的编著者"不忘初

心，以人为本"，坚守严谨、求实、高效和前瞻的原则，在智慧城市的规划建设实践中，不断总结经验，坚持真理，修正错误，进一步完善《丛书》的内容，努力扩大其影响力，为中国智慧城市建设及智慧产业的发展贡献力量，也为"中国梦"增添一抹亮丽的色彩。

中国科学院院士
科技部原部长

中国正成为世界经济中的技术和生态方面的领导者。中国的领导人以极其睿智的目光和思想布局着全球发展战略。《智慧城市实践系列丛书》（以下简称《丛书》）以中国国家"十三五"规划的重点研究成果的方式出版，这项工程填补了世界范围内的智慧城市研究的空白，也是探索和指导智慧城市与产业实践的一个先导行动。本《丛书》的出版体现了编著者们、中国生产力促进中心协会以及国际智慧城市研究院的强有力的智慧洞见。

为了保持中国在国际市场的蓬勃发展和竞争能力，中国必须加快步伐跟上这场席卷全球的行动。这一行动便是被称作"智慧城市进化"的行动。中国政府和技术研发与实践者已经开始了有关城市的革命，不然就有落后于其他国家的风险。

发展中国智慧城市的目的是促进经济发展，改善环境质量和民众的生活质量。建设智慧城市的目标只有通过建立适当的基础设施才能实现。基础设施的建设可基于"融合和替代"的解决方案。

中国成为智慧国家的一个重要因素是加大国有与私有企业之间的合作。他们都须有共同的目标，以减少碳排放。一旦合作成功，民众的生活质量和幸福程度将得到很大的提升。

我对该《丛书》的编著者们极为赞赏，他们包括国际智慧城市研究院院长吴红辉先生及其团队、中国生产力促进中心协会的隆晨先生。通过该《丛书》的发行，所有的城市都将拥有一套协同工作的基础，从而实现更低的碳排放、更低的基础设施总成本以及更低的能源消耗，拥有更清洁的环境，所有中国民众将过上可持续发展的生活。更重要的是，该《丛书》还将成为智慧产业及技术发展可参考的理论依据以及从业者可以借鉴的范本。

随着中国政府和私有企业的合作，中国将跨越经济、环境和社会的界限，成

为一个智慧国家。

　　上述努力会让中国以一种更完善的方式发展，最终的结果是国家不断繁荣，中国民众的生活水平不断提升。中国将是世界上所有想要更美好生活的国家所参照的"灯塔"。

迈克尔·侯德曼

IEEE/ISO/IEC – 21451 – 工作组成员
UPnP+ – IOT，云和数据模型特别工作组成员
SRII – 全球领导力董事会成员
IPC–2–17– 数据连接工厂委员会成员
CYTIOT 公司创始人兼首席执行官

随着全球化的发展，新一代人工智能、5G、区块链、大数据、云计算、物联网等技术正在改变着我们的工作及生活方式，大量的智能终端已应用于人类社会的各个场景。虽然"智慧城市"的概念提出已有很多年，但作为城市发展的未来形式，"智慧城市"面临的问题仍然不少，但最重要的是，我们如何将这种新技术与人类社会实际场景有效地结合起来。

传统理解上，人们认为利用数字化技术解决公共问题是政府机构或者公共部门的责任，但实际情况并不尽然。虽然政府机构及公共部门是近七成智慧化应用的真正拥有者，但这些应用近六成的原始投资来源于企业或私营部门，可见，地方政府完全不需要自己主导提供每一种应用和服务。目前，许多城市采用了构建系统生态的方法，通过政府引导以及企业或私营部门合作投资，共同开发智慧化应用创新解决方案。

打造智慧城市最重要的动力来自政府管理者的强大意愿，政府和公共部门可以思考在哪些领域适当地留出空间，为企业或其他私营部门提供创新的余地。合作方越多，应用的使用范围就越广，数据的使用也会更有创意，从而带来更高的效益。

与此同时，智慧解决方案也正悄然地改变着城市基础设施运行的经济效益，促使管理部门对包括政务、民生、环境、公共安全、城市交通、废弃物管理等在内的城市基本服务提供方式进行重新思考。对企业而言，打造智慧城市无疑为他们创造了新的机遇。因此，很多城市的多个行业已经逐步开始实施智慧化的解决方案，变革现有的产品和服务方式。比如，药店连锁企业开始变身成为远程医药提供商，而房地产开发商开始将自动化系统、传感器、出行方案等整合到其物业管理系统中，形成智慧社区。

未来的城市

智慧城市将基础设施和新技术结合在一起，以改善人们的生活质量，并加强他

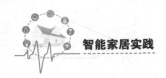

们与城市环境的互动。但是，如何整合与有效利用公共交通、空气质量和能源生产等数据以使城市更高效有序地运行呢？

5G时代的到来，高带宽与物联网（IoT）的融合，都将为城市运行提供更好的解决方案。作为智慧技术之一，物联网使各种对象和实体能够通过互联网相互通信。通过创建能够进行智能交互的对象网络，各行业开启了广泛的技术创新，这有助于改善政务、民生、环境、公共安全、城市交通、能源、废弃物管理等方面的情况。

通过提供更多能够跨平台通信的技术，物联网可以生成更多数据，有助于改善日常生活的各个方面。

效率和灵活性

通过建设公共基础设施，智慧城市助力城市高效运行。巴塞罗那通过在整座城市实施的光纤网络中采用智能技术，提供支持物联网的免费高速 Wi-Fi。通过整合智慧水务、照明和停车管理，巴塞罗那节省了 7500 万欧元的城市资金，并在智慧技术领域创造了 47000 个新工作岗位。

荷兰已在阿姆斯特丹测试了基于物联网的基础设施的使用情况，其基础设施根据实时数据监测和调整交通流量、能源使用和公共安全情况。与此同时，在美国，波士顿和巴尔的摩等主要城市已经部署了智能垃圾桶，这些垃圾桶可以提示可填充的程度，并为卫生工作者确定最有效的路线。

物联网为愿意实施智慧技术的城市带来了机遇，大大提高了城市的运营效率。此外，各高校也在最大限度地发挥综合智能技术的影响力。大学本质上是一座"微型城市"，通常拥有自己的交通系统、小企业以及学生，这使得校园成为完美的试验场。智慧教育将极大地提高学校老师与学生的互动能力、学校的管理者与教师的互动效率，以及加强学生与校园基础设施互动的友好性。在校园里，您的手机或智能手表可以提醒您课程的情况以及如何到达教室，为您提供关于从图书馆借来的书籍截止日期的最新信息，并告知您将要逾期。虽然与全球各个城市实践相比，这些似乎只是些小改进，但它们可以帮助需要智慧化建设的城市形成未来发展的蓝图。

未来的发展

随着智慧技术的不断发展和城市中心的扩展，两者的联系将更加紧密。例如，美国、日本、英国都计划将智慧技术整合到未来的城市开发中，并使用大数据技术来完善、升级国家的基础设施。

　　非常欣喜地看到，来自中国的智慧城市研究团队，在吴红辉院长的带领下，正不断努力，总结各行业的智慧化应用，为未来智慧城市的发展提供经验。非常感谢他们卓有成效的努力，希望智慧城市的发展，为我们带来更低碳、安全、便利、友好的生活模式！

中村修二　2014 年诺贝尔物理学奖得主

　　智能家居是智慧城市的重要组成部分。建设智慧城市，是指通过广泛采用物联网、云计算、人工智能、数据挖掘、知识管理等技术，提高城市规划、建设、管理、服务的智能化水平，使城市运转更高效、更敏捷、更低碳。政府在构建公共领域服务框架的基础上，进入家庭的最好服务路径就是通过智能小区以及智能家居的建设，不断改善民众的生活环境，提高生活品质。家庭是每个城市的最小组织细胞，也是智慧城市的最小节点。只有每个家庭都具备智能家居环境，实现与城市主体的有机相连和互动，智慧城市才能良好地发展。

　　智能家居控制系统大体包括：集中控制器系统、智能照明控制系统、电器控制系统、家庭影院系统、对讲系统、视频监控、安防监控、窗帘控制，甚至还包括空调系统、自动抄表系统、家居布线系统、家庭网络、厨卫电视系统、运动与健康监测、花草自动浇灌、宠物照看与动物管制等，这些系统都是模块化独立运行，用户可以按自己的需要来选择、组合这些系统。

　　近年来，我国政府发布了关于促进信息消费扩大内需的若干措施，大力发展宽带普及、宽带提速，加快推动信息消费持续增长，这为智能家居、物联网行业的发展打下了坚实的基础。随着国家政策的推进、技术的进步和行业的更新，各类智能家居产品开始步入普通家庭。

　　基于此，我们从理论上、政策上、专业上及实用性、实操性几个方面着手编写了《智能家居实践》一书，供从事智能家居实践的产品生产厂商、致力于开发智能建筑的房地产企业的负责人、智能家居方案提供商、相关从业人员和企业负责人阅读和参考使用。

　　本书分两篇九章，第一篇是理论篇，第二篇是路径篇。第一篇讲述

智能家居的基本构架和主要应用、智能家居的发展和智能家居涉及的关键技术。第二篇讲述智能家居的规划设计与实际落地应用、智能家居控制系统的建设、智能家电控制系统的建设、智能家居安防系统、智能照明控制系统以及发展智能家居的难点与对策。全书把智能家居实践的理论和法规通过流程、图、表的形式呈现,讲解通俗易懂,读者可以快速掌握重点。通过阅读本书,读者会切身体会到智能家居建设的方方面面,了解国内外智能家居的建设成果,还有我国在智能家居领域的努力方向及建设思路。

智能家居建设的政府管理者通过阅读本书,能系统全局地了解如何进行智能家居建设的架构设计、系统规划、实现途径。

智能家居建设企业及方案提供商、设备供应商的管理者通过阅读本书,可以更系统地了解智能家居建设的各个方面以及如何落实。

智慧城市与智能家居的研究者通过阅读本书,可以系统地了解智慧城市各个领域以及智能家居建设的最新实践成果。

智慧城市、智能家居相关专业的大学生、研究生通过阅读本书可以系统地学习智能家居的知识体系,并了解目前国内外智能家居应用的最新动态。

本书在编辑整理的过程中,获得了来自相关职业院校、家居产品生产机构、建筑房地产企业、方案提供商等的一线工作人员的帮助和支持,在此对他们付出的努力表示感谢!同时,由于编者水平有限,本书中的疏漏之处在所难免,敬请读者批评指正。

编　者

2020.1.10

第一篇　理论篇

第二篇　路径篇

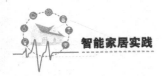

第一篇

理　论　篇

第 1 章　智能家居概述

第 2 章　智能家居的发展

第 3 章　智能家居涉及的关键技术

第 1 章

智能家居概述

　　智能家居是智慧城市的重要组成部分。建设智慧城市是指城市建设者广泛采用物联网、云计算、人工智能、数据挖掘、知识管理等技术，提高城市规划、建设、管理、服务的智能化水平，使城市运转更高效、更敏捷、更低碳。政府在构建公共领域服务框架时，使服务进入百姓家庭的最佳路径就是通过智能小区以及智能家居的建设，不断改善民众的生活环境，提高其生活品质。家庭是每个城市的最小组织细胞，也是智慧城市的最小节点。每个家庭都具备智能家居的使用环境，智能家具实现与城市主体的有机相连和互动后，智慧城市才能良好地发展。

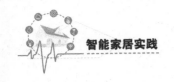

1.1 何谓智能家居

　　智能家居是现代电子技术、自动化技术及通信技术相结合的产物。它提供了以家为平台，集建筑、自动化、智能化于一体的高效、舒适、安全、便利的家居环境。它能够自动控制和管理家电设备，为住户提供安全舒适、高效便利的学习生活及工作环境。

1.1.1 智能家居的诞生

　　20 世纪 80 年代初，随着家用电器的面市，住宅电子化逐渐出现。80 年代中期，业界将家用电器、通信设备与安保防灾设备各自独立的功能综合为一体后，形成了住宅自动化（Home Automation，HA）的概念。1984 年，美国联合科技公司改造位于美国康涅狄格州哈特福德佛（Hartford）市的都市办公大楼时，首次使用了计算机监测和管制大楼的空调、电梯、照明等设备，并提供语音通信、电子邮件等方面的信息服务。这栋建筑成了首栋"智能型建筑"。从此全世界开始争相建造智能家居派的建筑，从最初主要应用于办公大楼、公共建筑的智能家居，发展到现在已逐步进入千家万户的智能家居。

1.1.2 智能家居里的智能家电

　　与传统的家电相比，智能家电内置了电子芯片、传感器，具有网络功能，能自动感知住宅空间、家电自身和家电服务的状态，还能自动控制及接收用户在住宅内或远程的控制指令，实现预期目标。

　　我们拥有了单一的智能家电或家具，并不能将其定义为智能家居，智能家电或家具并不等同于智能家居，我们还需要利用家庭网络、控制器将各个独立的智能家电或家具汇聚到统一的平台来操作，使其实现互联互通。智能家居不但要求产品本身的性能过硬，还要求互联的系统易操作以及其稳定可靠。

1.1.3 与智能家居相关的概念

1.1.3.1 智能家电

智能家电就是将微处理器、传感器技术、网络通信技术引入家电设备后制造的家电产品。它能感知环境甚至是人的情感、动作和行为习惯等，并根据感知的信息触发完成一些智能化的动作。

1.1.3.2 物联网（Internet of Things，IoT）

物联网是指把原本相互独立的设备，通过联网使其互联互通，从而提高设备的工作效率，以提供更多的服务，获得健康、安全、环保等方面的收益。同时，物联网也是一个很广泛的概念，它可以应用于智能家居、可穿戴设备、车联网、智慧城市、产业互联网等场景，智能家居只是物联网的一个应用场景。在物联网的基础上，思科系统公司提出了万物互联（Internet of Everything，IoE）的概念，认为可以实现人、物体、数据、流程的有效连接，从而让城市和社区的生活更加舒适。

1.1.3.3 可穿戴设备

可穿戴设备几乎是最早来到人们身边的智能设备，包括智能手环、智能手表、智能眼镜、智能运动相机等，这些设备构成了智能家居的一部分。有的可穿戴设备可以控制家电，例如，我们可以通过智能手环上的按键打开家里的灯，或者可以通过智能手表查看此刻家中的空气状况。

1.1.3.4 车联网

车联网是由车辆位置、速度和路线等信息构成的巨大交互网络。通过 GPS（全球定位系统）、RFID（射频识别）、传感器、摄像头、图像处理等装置，车辆可以采集自身环境和状态等信息；通过互联网技术，所有的车辆可以将自身的各种信息汇聚到中央处理器。当用户驾车离开或者回到家中时，车辆可以与智能家居产生一些联动，如我们在下班回家的路上，家中的空调和电饭煲可以根据路况信息适时开始工作。

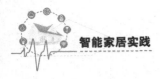

相关知识

智能化家居能带来什么样的体验

与传统的家居产品相比，智能家居能带给人们不一样的体验，既能带来操作的便利性，又能让人们享受产品互相关联带来的乐趣。

1. 控制方式的多样

传统的控制方式是通过墙面开关、遥控器来控制家电产品的。智能家居则是用手机或计算机通过网络远程操控的家电产品，例如，在回家的路上，我们通过手机App提前打开家中的空调和热水器。

2. 产品互相联动

传统的家电产品的功能只专注于家电本身的属性，比如空调控制温度、冰箱储存食物、音箱播放音乐或电影的音频、灯光用来照明等，产品并没有任何附加价值。在家电智能化的大趋势下，家电产品越来越"聪明"，彼此之间可以在经过设定后同时运行，例如某品牌的智能家居产品可以做到：当房间内的智能设备检测到有人进入房间时，会直接开灯；房间有人且智能设备检测到室内温度高于或低于某个值时，空调就会自动制冷或制热，如果家里还有加湿器，也能同步开启；甚至在空调开启之时，还能检测门窗是否关闭，在门窗关闭的情况下空调才会打开，在使用过程中，如果门窗被人为打开，空调检测到这个信息后就会自动关闭。这期间，智能设备的检测功能是依靠多个传感器完成的，传感器检测到了这些信息后，就会将信息直接或间接地传递给空调。智能家电产品的这种互联控制需要各个厂商的相互合作，当前的智能家居产品在这方面的表现一直受人诟病，原因是同一厂商的不同家电产品之间的互动性表现不错，但不同品牌产品的互动性有待提升。

3. 设备维护智能化

过去在维修家电产品时，我们通常的做法是拨打厂商的售后服务电话，由厂商安排人员上门服务。进入智能家居时代后，所有的设备都将连接云平台，设备的运行状况、故障信息也会被实时上传到云平台，厂商可以在第一时间接到设备故障的信息，然后直接联系用户并安排人员上门维修，提高了工作效率。

4. 方便舒服的生活环境

智能家居的最终目的是让家庭生活更舒适、更方便、更安全以及更节能。随着人们消费需求和住宅智能化的不断发展，家居产品的种类渐多，如近几年走进家庭的监控安防、消防报警系统、医疗诊断及护理系统等，这些设备之间的相互联动操作省去了诸多人为操作的过程，如空调的自动开关、设备的智能维护，用户不用浪费过多的时间和精力，就能获得一个舒适的环境。

1.1.4 智能家居实现自由控制的条件

智能家居要实现自由控制，必须具备图 1-1 所示的条件。

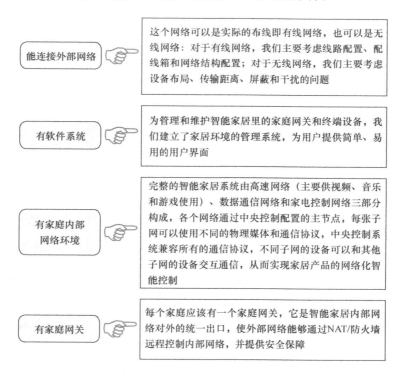

图1-1　智能家居实现自由控制的条件

1.2 智能家居的基本架构

智能家居具有安全、方便、高效、快捷、智能化、个性化的独特魅力，对于改善人们的生活质量，创造舒适、安全、便利的生活空间有着非常重要的意义。

1.2.1 智能家居的技术架构

智能家居的技术架构如图 1-2 所示。

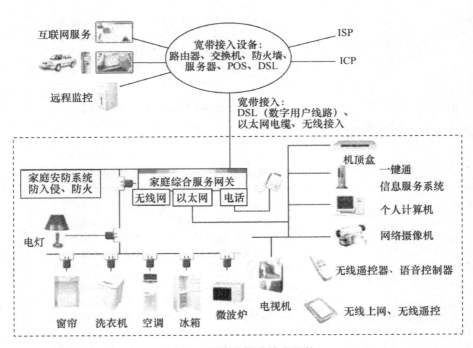

图1-2 智能家居的技术架构

1.2.2　智能家居的主要构件

智能家居主要包含以下构件。

（1）家庭网关

住宅要实现智能化，必须建立家庭内部的局域网，以网络形式连接家庭内部的各种设备，使其成为一个有机的整体。家庭网关又叫家居网络网关，它为家庭内部网络提供网关服务，以便家庭有关成员从外部网络上监视和控制家庭内部设备的运行状态。

（2）通信协议和物理媒介

家居内部网络应建立专门的通信协议。家居网络可以使用光纤、电缆、双绞线、无线射频、红外线、电力线、蓝牙等媒介传递信息。这些媒介应具有广泛的适用性和通用性。

（3）智能家居控制自动化系统

智能家居控制自动化系统主要采集控制设备的数据，可以实现智能家居的底层功能，是智能家居控制系统的硬件支撑部分。它以家居控制器为中心，按照工业现场总线的方式在住宅中组成家庭局域网。这个系统应包括家居设备的自动控制系统以及家居安全防卫系统。家居设备的自动控制系统应包括各种控制功能，在家居控制器的统一管理下对家庭内部各设备进行信息采集、传输、处理、反馈控制等相关操作，实现智能化家庭的管理与控制。

（4）智能家居管理系统

智能家居管理系统是集大型数据库管理、计算机网络通信和调制解调器等技术为一体的现代化管理系统。智能家居管理系统可以自动完成家居设备的数据交换、信号检测、控制、存储、维护和使用等功能。它与下层需要监控的设备直接相连，向上与外部网络相连，实现数据的传输。

（5）智能家居信息系统

智能家居信息系统包括计算机信息处理系统及电话、电视综合信息处理系统。在家居网络中，计算机或嵌入式家居控制器等家居信息系统作为信息沟通的主要方式，通过家庭网关与外部网络相连，存储和读取外界信息。

（6）智能家居网络管理软件

智能家居网络管理软件一方面用于配置、诊断、维护和控制家庭内部网络所连接的设备，另一方面用于控制和监视智能家居信息系统及智能家居控制自动化系统。

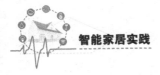

（7）智能家居终端设备

智能家居终端设备包括各种信息家电，如冰箱、洗衣机、扫地机器人、门锁、灯具等。这些设备只需要通过传感器、单片机以及各种有线或无线上网模块即可完成上网任务以及环境信息采集等操作。

1.3　智能家居的主要应用

有关智能家居的系统主要包括：集中控制器系统、智能照明控制系统、电器控制系统、家庭影院系统、对讲系统、视频监控系统、安防监控系统、窗帘控制系统，甚至还包括空调系统、自动抄表系统、家居布线系统、家庭网络系统、厨卫电视系统、运动与健康监测系统、花草自动浇灌系统、宠物照看与动物管制系统等。这些系统组成了智能家居控制系统，且均是模块化独立运行的，用户可以按自己的需要来选择、组合这些系统。

《福建省数字家庭总体技术规范（2015年版）》将目前市场上推出的智能家居业务应用归纳为安防监控、影音娱乐、自动化控制、健康医疗、能源管理五大类，具体如下所示。

1.3.1　安防监控

安防监控是智能家居的核心业务应用功能模块，以保障家庭用户的人身及财产安全为目标，防止火灾、煤气泄漏、非法入侵伤害等常见的紧急突发事件的发生，提供实时的远程视频监控以及与访客可视对讲、门禁授权、灾害报警、紧急呼救等安全防范功能。

1.3.2　影音娱乐

以家庭为活动中心，影音娱乐设备通过智能终端为家庭用户提供视听、教育、游戏、信息、金融社区等多种应用服务。随着家庭宽带的普及、宽带速率的提升、智能终端性能的不断增强及业务应用的增多，智能家居影音娱乐设备呈现越来越高清化、智能化、网络化的发展趋势。

1.3.3 自动化控制

自动化控制是指利用、网络通信、自动控制等技术，智能控制、管理与家居生活相关的设施，使家庭生活更舒适、安全、高效和节能。

1.3.4 健康医疗

健康医疗是指将个人健康档案、动态健康管理、健康医疗服务三者有机结合，通过自我健康管理（包括健康教育、健康记录等）、健康评价（包括健康指标检测、健康预警、健康指导等）和健康促进（包括用药指导、膳食指导、运动指导、慢性病康复指导等）三个环节的密切协同，实现对家庭成员个体健康的全程智能化管理与服务。

1.3.5 能源管理

能源管理是指聚焦家庭能耗管理领域，为家庭用户提供能耗监测、能耗分析及节能方案等服务，并与智能家居自动化控制等应用结合，实现家庭能源的智能化管理，指导和帮助家庭成员在不降低生活品质、不影响舒适性和便利性的前提下，实现更经济、更高效、更充分的能源利用，促进整个社会的节能减排。

此外，智能家居还可以延伸一些业主与社区之间互惠互利的智慧社区应用服务，具体如下。

① 提供安防及紧急救助服务。社区物业及安保人员为业主提供各类安防及紧急救助服务，例如，业主家中的安防探头监测到异常情况时会自动通知社区安保人员及时排除险情。

② 设施故障维修服务。社区工程部可以为业主提供及时周到的管道堵塞、墙壁渗水或电源跳闸等故障的维修服务，业主可以对维修人员的服务进行打分和评价。

③ 公共服务及预约。业主可通过手机、iPad 或计算机随时随地查询社区羽毛球场、社区泳池、社区餐厅、社区会议室以及社区车位等社区公共服务设施的状态及评价情况，并可以直接下单预订服务。

④ 周边商圈服务及预约。业主可以随时随地预约社区商圈的服务。

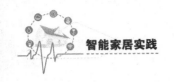

智能家居控制系统的产品分类

2012年4月，中国室内装饰协会智能化装饰专业委员会组织了行业专家、主流厂商技术人员、教学科研机构代表、行业媒体代表共同编写了指导手册——《智能家居控制系统产品分类》。该指导手册将智能家居控制系统产品分为二十类，以下为智能家居控制系统产品的分类定义以及说明。

1. 控制主机

智能家居控制主机又被称为智能家居集中控制器，是指封装完成的、具有智能家居控制系统控制功能的控制器硬件和软件具备相应的外围接口，控制主机通常包括各种形式的控制器终端产品。控制主机通过直接连接或者协议转换间接控制方式实现智能照明、家电控制、家庭安防（可视对讲系统、监控系统、防盗报警、门禁电锁）、智能遮阳、家庭能源管理等功能。与互联网连接的控制主机还能实现网络控制和远程控制的功能。控制主机及相关产品包括控制主机、控制器和遥控器。

智能家居控制主机可以作为一个独立的设备，也可以作为嵌入设备嵌入智能照明控制系统、家电控制系统、可视对讲系统、监控系统、防盗报警系统、智能家居产品、家庭能源管理系统和家庭网络中。

控制主机还能在第三方的智能家居软件的配合下，实现更好的场景设置、时间管理和跨平台的连接，使用户获得更佳的用户体验。

有智能家居控制主机产品，且自有产品中整合了智能照明控制系统、家电控制系统的厂商被称为智能家居控制系统厂商。只提供智能家居控制主机的厂商不能被称为智能家居控制系统厂商。

2. 智能照明系统

智能照明系统又被称为智能照明控制系统，是集成了程序控制系统、通信传输技术、信息智能化处理及电器控制等技术组成的分布式控制系统。该系统对灯光具有强弱调节、场景设置、定时设置的功能。智能照明系统由系统单元、输入单元与输出单元组成，具体介绍如下。

系统单元用于提供工作电源、源系统时钟及各种系统，如PC、以太网、电话等的接口。

输入单元的主要功能是将外部控制信号转换成网络上的传输信号，具体包括开关、红外接收开关、红外遥控器、多功能的控制板、传感器。

输出单元是用于接收来自网络传输的信号，控制相应回路的输出以实现实时的控制。

智能照明系统由以下产品组成：

① 调光开关；

② 灯具；

③ 光源。

在智能家居控制系统中，智能照明系统是一个核心系统。每个智能家居品牌厂商通常都将智能照明系统整合在智能家居控制主机中。

3. 电器控制系统

智能家居中的电器控制系统是指控制主机对家用电器、电源插座开关进行的开关控制、功能设置和场景设定。电器控制系统由控制主机中的模块单元、连接线路、传感器和执行器模块组成。传感器和执行器模块可被封装到开关插座中，直接连接电器设备，也可被嵌入家用电器中。在智能家居控制系统中，电器控制系统是一个核心系统，每个智能家居品牌厂商都可以实现这一功能。

电器控制系统除了被嵌入控制模块的开关插座外，还能连接智能家居控制系统的各种遥控器和信号中转放大设备，以及各类定时器和家庭自动化配件。

电器控制系统由以下产品组成：

① 智能控制开关；

② 智能控制插座；

③ 定时器；

④ 遥控器；

⑤ 信号中转放大设备。

尽管电器控制也包含照明电源、智能遮阳（电动窗帘）开关电源的控制，但这两部分的控制分别属于智能照明系统和智能遮阳（电动窗帘）系统。

4. 家庭背景音乐

家庭背景音乐系统是指一个集中的音乐源或可汇入的音乐源经过功放设备的

放大，再通过连接线缆、连接单元和包含调音模块的控制面板被连接到分区或房间，由各个分区或房间的音箱喇叭播放，实现背景音乐的功能。家庭背景音乐系统有四种常见的配置方式，包括不可分区的单一音源播放、可分区的单一音源播放、独立控制的多个音源播放、可加入本地音源的独立控制的多个音源播放。

在智能家居控制系统中，家庭背景音乐系统是一个选配系统，我们通常在场景设置中通过设定使其实现与智能照明系统、家庭影院系统、电器控制系统、门禁电锁等的联动。

家庭背景音乐系统主要包括以下三部分。

① 音源。家庭背景音乐系统可以自由选择音源，台式计算机、电视、收音设备、手机、平板电脑等都可以作为音源。

② 控制器。家庭背景音乐系统的控制器分为主机型和分体式两种。

③ 音箱。目前家庭背景音乐系统所采用的音箱主要有吸顶喇叭、壁挂音箱（嵌入式）、平板音箱（壁画形式）等几种。功率匹配较为标准。

5. 家庭影院系统

家庭影院系统是在家庭环境中搭建的一个接近影院效果的可欣赏电影、享受音乐的系统。家庭影院系统可以让家庭用户在家即可欣赏环绕影院效果的电影，聆听专业级别音响带来的音乐。

在智能家居控制系统中，家庭影院系统是一个选配系统，我们通常在场景设置中通过设定使其实现与智能照明系统、家庭背景音乐系统、电器控制系统、门禁电锁等的联动。

6. 对讲系统

对讲系统包括家庭使用的可视或非可视对讲系统、小型电话交换机系统。可视对讲系统具有摄像、对讲、室内监视室外、室内遥控开锁、夜视等功能，住户在室内与访客进行对话的同时可以在室内机显示器上看见来访者的影像，并通过开锁按钮控制大门的开启。可视对讲系统是由门口主机、室内可视分机、不间断电源、电控锁、闭门器等基本部件构成的。

对讲系统由以下产品组成：

① 移动电话和平板电脑配件；

② 固定电话配件；

③ 远程监测与控制；

④ 小型电话交换机。

在智能家居控制系统中，对讲系统属于智能家居安防系统的一部分，是一个常见的选配系统。

7. 视频监控

视频监控包括网络摄像机和视频监控系统。网络摄像机可作为图像视频监视设备与智能家居控制系统配合使用。完整的视频监控系统由摄像、传输、控制、显示、记录登记五大部分组成。摄像机通过同轴视频电缆将视频图像传输到控制主机，控制主机再将视频信号分配到各监视器及录像设备上，同时可将需要传输的语音信号同步录入录像设备内。通过控制主机，操作人员可发出控制指令，控制镜头。

视频监控由以下产品组成：

① 摄像机；

② 监控系统附件；

③ 视频监视套件；

④ 视频录像设备。

在智能家居控制系统中，视频监控系统属于智能家居安防系统的一部分，是一个常见的选配系统。

8. 防盗报警

一个报警系统通常由报警探头（前端探测器）和报警控制器组成。报警探头包括门磁开关、玻璃破碎探测器、红外探测器和红外/微波双鉴器、紧急呼救按钮。

以下是防盗报警包括的产品：

① 报警系统；

② 个人保全产品；

③ 射频发射与接收设备；

④ 报警探头；

⑤ 安防系统配件。

在智能家居控制系统的产品中，大多数厂商将智能家居控制主机与报警控制器当作两个相对独立的硬件，但也有将报警控制器嵌入控制主机的情况。

9. 门禁电锁

门禁电锁是门禁系统的重要组成部分，也是门禁系统的执行机构和关键设

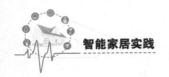

备。在智能家居控制系统中，门禁系统的控制部分多与智能家居控制主机及相关模块整合，并不作为一个独立的系统，但门禁电锁作为大门、车库门、出入口等位置的门禁执行机构被广泛使用。门禁电锁有门禁磁力锁、门禁电插锁、门禁阴极锁、门禁阳极锁、门禁电控锁。

10. 智能遮阳（电动窗帘）系统

智能遮阳系统通常由遮阳百叶或者遮阳窗帘、电机及控制系统组成。控制系统是智能遮阳系统的一个组成部分，与控制系统硬件配套使用。一个完整的智能遮阳系统能根据周围自然条件的变化，通过系统线路，自动调整帘片角度或做整体升降，实现对遮阳百叶的智能控制功能，这样既阻断辐射热、减少阳光直射、避免产生眩光，又能充分利用自然光，节约能源。

11. 智能家电

智能家电就是家电设备引入微处理器和计算机技术后形成的家电产品，是具有自动监测自身故障、自动测量、自动控制、自动调节与远方控制中心通信功能的家电设备。

12. 暖通空调系统

暖通空调系统包括温控器和HVAC（供暖通风与空气调节）控制。家庭常用的暖通空调产品包括家用中央空调系统和新风系统、采暖系统。

① 家用中央空调又被称为家庭中央空调、户式中央空调，是一个小型化的独立空调系统，在制冷方式和基本构造上类似大型中央空调。家用中央空调由一台主机通过风管或冷热水管连接多个末端出风口，将冷暖气送到不同区域，达到调节室内空气的目的。它结合了大型中央空调的便利、舒适、高档次以及传统小型分体机的简单、灵活等多方面的优势。

② 新风系统是空调的三大空气循环系统之一，其他两大系统为室内空气循环系统、室外空气循环系统。新风系统的主要作用是实现室内空气和室外空气之间的流通、换气，以及净化空气。

③ 采暖系统。目前常用的3种采暖系统为：普通的热水采暖系统，常见的有普通铸铁散热器、改良型铸铁散热器、钢制散热器系统；地板辐射采暖系统，是以不高于60℃的热水为热媒，在加热管内循环流动，加热地板，通过地面以辐射和对流的传导方式向室内供热；热风采暖系统，使用设在地下室内的暖风机将室外的冷空气加热后，经设在墙内的风管送到卧室、起居室，这部分空气分别再经

过厨房、卫生间，最后被排至室外。

在智能家居控制系统中，控制主机通常需要借助原有的传感器采集暖通空调系统的数据，并通过原有的执行器进行控制，在协议开放的基础上，智能家居厂商也会针对性地开发具有状态显示和执行功能的第三方模块。控制主机管理暖通空调的好处在于可设置多种场景，也可与其他系统联动从而营造更舒适、安全、节能和人性化的居住环境。

13. 太阳能与节能设备

太阳能与节能设备包括家庭住宅使用的太阳能电池、电器设备；节能、节水及高能效的设备；风力发电设备等。

14. 自动抄表

自动抄表也被称为集中抄表、远程抄表。它是采用通信、计算机等技术，通过专用设备自动采集和处理各种仪表（如水表、电表、燃气表等）的数据的系统。它一般是通过数据采集器读取数据，然后通过传输控制器将数据传至管理中心，工作人员对数据进行存储、显示、打印等操作。自动抄表主要解决了上门入户抄表带来的扰民、数据上报不及时、管理不便等难题。

15. 智能家居软件

智能家居软件是指独立于智能家居控制系统产品厂商的第三方软件，第三方软件企业与智能家居控制系统产品厂商达成底层协议及应用层面的合作，开发可控制主流智能家居的控制系统，实现智能灯光控制、智能电器控制、智能温度控制、智能影音控制、智能窗帘控制、智能安防控制、智能遥控控制、智能定时控制、智能网络控制、智能远程控制、智能场景控制等功能。

第三方的智能家居软件存在的前提是协议开放、产品兼容。越来越多的智能家居控制系统产品厂商已经开始认识到这个问题的重要性，并做了大量的工作。

16. 家居布线系统

智能家居布线系统从功用来说是智能家居控制系统的基础，也是其传输的通道。智能家居布线也要参照综合布线标准设计，但它的结构相对简单。

智能家居布线系统中有一个重要的产品——家居布线箱，又被称为住宅信息配线箱，或者简称为弱电箱，它既是家庭弱电线缆端与设备放置的场所，也是住房通信网络有线电视等信息连接的入口。家庭住宅采用住宅信息配线箱的好处有：能对家庭弱电信号线统一布线管理，有利于家庭整体美观；强、弱电被分

开，强电电线产生的涡流感应不会影响弱电信号，弱电信号更稳定；更方便于用户对弱电布线的自主管理。在安装了智能家居控制系统的项目中，家居布线箱是一个基本的配置产品。

17. 家庭网络

智能家居控制系统中的家庭网络是一个狭义的概念，是指由家庭内部具备高性能处理和通信能力的设备构成的高速数据网络。两种最流行的家庭网络类型是无线网和以太网。在这两种类型中，路由器负责大部分工作，负责控制相互连接的设备之间的通信。许多新型路由器将无线技术和以太网技术结合在一起，并且还包含硬件防火墙。

18. 运动与健康监测

智能家居控制系统中，运动与健康监测产品通常指具备了个人健康与运动状况监测功能的家居与家电产品。

19. 花草自动浇灌

花草自动浇灌包括浇灌器主机与主机连接的控制器和水管系统，浇灌器主机由微型电机、齿轮传动机构、止水阀机构、定时器、电源开关等组成。按照预先设定，控制器打开或关闭电源开关将水分定期、定量、及时地补充给花木。

20. 宠物照看与动物管制

略。

（本部分内容摘自《智能家居控制系统产品分类》，已根据本书内容进行了部分修改）

第2章

智能家居的发展

近年来，我国为了推动信息化、智能化城市的建设，发布了关于促进信息消费、扩大内需的若干措施，大力发展宽带普及、宽带提速，加快推动信息消费的持续增长，这为智能家居、物联网行业的发展打下了坚实的基础。随着国家政策的推动、技术的进步和行业的更新，各类智能家居产品开始步入普通家庭。

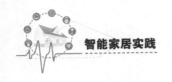

2.1　智能家居的发展阶段

智能家居在我国的发展经历了 4 个阶段,分别是萌芽期/智能小区期、开创期、徘徊期、融合演变期。

2.1.1　萌芽期/智能小区期（1994—1999 年）

这是我国发展智能家居的第一个阶段,当时整个行业还处在一个概念熟悉、产品认知的阶段,没有出现专业的智能家居生产厂商,只是深圳出现了一两家公司代理销售美国 X10 智能家居产品,但产品多销售给居住在我国的欧美用户。

2.1.2　开创期（2000—2005 年）

这一阶段,我国先后成立了 50 多家智能家居研发生产企业。这些企业主要集中在深圳、上海、天津、北京、杭州、厦门等地。智能家居的市场营销、技术培训体系逐渐完善,在此阶段,国外智能家居产品基本没有进入我国市场。

2.1.3　徘徊期（2006—2010 年）

这一阶段,国外主要的智能家居产品进入我国市场,如罗格朗、霍尼韦尔、施耐德、Control4 等。我国的企业也逐渐找到自己的发展方向,如天津瑞朗、青岛爱尔豪斯、海尔、科道等。

2.1.4　融合演变期（2011—2020 年）

2011 年以后,我国智能家居市场增长明显。智能家居的放量增长说明智能家居行业进入了一个拐点,由徘徊期进入融合演变期。

未来几年,智能家居行业一方面进入一个相对快速的发展阶段,另一方面协议与技术标准开始主动互通和融合，行业并购现象开始出现甚至成为主流。

2.2 智能家居服务商

智能家居需要具备智能家居的产品，同时也需要一个平台来为这些家居产品提供互联互通，这个平台上既有传统的家电厂商，又有互联网企业，其中传统的家电厂商向智能家电产品的转型工作需早已完成。

2.2.1 传统大型家电厂商

传统的家电厂商纷纷转型，背后的真正原因是近几年传统的家电市场需求放缓、产能过剩。关于传统家电，《中国家电工业"十三五"发展指导意见》里提到，在产品设计方面，家电企业应该充分利用互联网和大数据技术，以市场需求为导向，引入众包、用户参与设计或云设计等新型的研发组织模式，构建开放式创新体系。在制造生产环节，发展较快的企业应利用互联网采集并对接用户的个性化需求，推进产品在设计研发、生产制造和供应链管理等关键环节的柔性化改造，发展大规模个性化定制以及基于个性化产品的服务模式和商业模式的创新。众多家电厂商纷纷开始探索转型之路，包括海尔、美的、格力等企业。如今，我们走进家电卖场，看到的各类家电都是"智慧"的，联网、语音控制是智能家电最基本的功能；有的甚至还搭建了智能家电体验中心，用户可以现场体验如何操控智能家电。

美的推出智能家居平台 M-Smart，并提供软件开发工具包（Software Development Kit，SDK），吸引第三方家电厂商和第三方开发合作商，以扩大智能家居的产品范围，并成功与华为、小米、安吉星、TCL、腾讯、科大讯飞等企业的产品完成了开放连接，同时也与 IBM、阿里云、亚马逊等企业形成了战略合作，实现了售后服务智能化、设备单体智能化、系统动作智能化以及跨品类设备的场景联动。

2.2.2 智能家电厂商

2014 年 10 月，腾讯发布了"QQ 物联智慧硬件开放平台"，旨在将 QQ 账号体系及关系链、QQ 消息通道能力等核心能力，提供给可穿戴设备、智能家居、

智慧车载、传统硬件等领域的合作伙伴，实现用户与设备以及设备与设备之间的互联、互通、互动。2017 年 6 月 8 日，京东在 CES Asia 论坛上首次发布了智慧服务平台 Alpha，同时开放 API，以云端接入或定制化开发的方式为冰箱、电视、音箱、汽车、机器人等多种硬件设备终端赋能，同时还支持第三方开发者的能力接入。

2.2.3　互联网企业

阿里巴巴、腾讯和京东等互联网企业也都步入了智能家居行业。互联网企业主要以提供家居互联的云平台为主。2017 年，阿里云宣布进入智能家居市场，其旗下的阿里云 IoT（Internet of Things，物联网）事业部正式发布"智能生活开放平台"，通过提供连接、设备管理、数据分析等解决方案，帮助合作伙伴低成本实现家居设备的智能化，从而加速智能家居设备的成熟可用。

2.3　风险投资、跨界合作助力智能家居的发展

CB Insights 的调研结果显示：2016 年上半年，美国智能家居领域的初创公司所获取的早期融资（A 轮）金额占全部早期融资年均总额的比例为 74%。在我国，智能家居企业也不断有投资介入，借助风险投资，企业迅速发展壮大的例子不胜枚举。2014 年京东在美国上市时，市值约 246 亿美元，今日资本持股 7.8%，投资回报将近 200 倍。在我国智能家居领域，为了快速扩大市场份额，一方面企业需借助风险投资，另一方面企业之间应加强合作，扬长避短。

2.3.1　风险投资频频介入智能家居

企业融资的途径通常包括债务融资和股权融资：前者主要指通过向银行、民间借贷，企业需要还本付息，债权人一般不参与企业的经营决策，对资金的运用也没有决策权；而后者则是通过上市、员工持股或风险投资来获得资金，企业不需要返还本息，但需要转让一部分股权。智能家居行业有巨大的发展空间，是未来家居产业的发展方向。通过项目筛选、调查，投资方选择投入有巨大增长潜力

的创业型智能家居企业，甚至还参与企业的重大经营决策，在管理、技术等方面为企业提供相应的服务和指导，帮助企业走向规范化管理。对智能家居企业而言，风险投资的加入能解决产品研发、销售扩张的问题，甚至满足在整个产业链上下游布局的资金需求，进而推动整个行业的升级。

2.3.2 企业合作优势互补

智能家居行业的发展离不开家电、IT 和系统集成商的密切合作，只有这样才可以整合各自特有的优势，尽快打出一片新天地。面对无限可能的智能家居市场，企业之间应该实现跨产业合作，从真正意义上整合彼此的优势，尽快做大、做强。

 他山之石

美的集团寻求多方合作

2014 年 12 月 14 日，小米与美的集团同时发布公告，宣布小米旗下的小米科技与美的集团达成战略合作，小米科技斥资 12.66 亿元入股美的集团，美的集团将以每股 23.01 元的价格向小米科技定向增发 5500 万股，募资不超过 12.66 亿元。

为寻求更广阔的合作平台，美的集团于 2016 年又与华为消费者 BG 签署了战略合作协议，双方在智能家居领域进行了战略合作。根据协议，双方针对移动智慧终端与智能家电的互动，渠道共享及联合营销，芯片、操作系统及人工智能领域，智能家居安全领域，数据分享与数据挖掘，品牌合作等方面构建全方位的战略合作关系。

 他山之石

百度与海尔合作

2018 年 3 月 7 日，在海尔智慧家庭战略发布暨成果分享会上，百度与

海尔达成战略合作，双方联手在人工智能（Artificial Intelligence，AI）、大数据、IoT 领域进行全方位、多层次的深度合作，探索智慧家庭的新商业模式。其中，百度对话式 AI 操作系统 DuerOS 将与海尔 U+ 平台深度合作，共同引领智慧家庭的发展，一起为用户提供更好的智慧生活体验。

百度集团总裁兼首席运营官陆奇表示："AI 与 IoT 的结合在改变消费领域体验方面有巨大机会，智能家居已经展现了良好的开端。百度与海尔的合作，不仅给用户带来更好的智慧生活体验，也必然将快速推进工业制造业的发展，推动建立良好且可持续的人工智能产业与生态。"

海尔家电产业集团 CTO、副总裁赵峰表示："海尔多年来一直在智慧家庭领域不断探索，而旗下的 U+ 平台目前已经具有互联互通、U+ 云脑等核心的技术优势，在行业实现了领跑并且能够赋能行业。此次基于 U+ 平台，海尔和百度共同启动智慧家庭战略，相信凭借双方的共同努力，必定能够进一步推动全球智慧家庭的快速发展。"

2.4　智能家居发展的趋势

随着智能家居的市场推广和普及，消费者的使用习惯逐渐发生改变后，智能家居市场的消费潜力必然是巨大的，产业前景是光明的。

2.4.1　从阿尔法狗（AlphaGo）看家电的智能化程度

2016 年 3 月，AlphaGo 与韩国著名围棋棋手、世界冠军李世石进行围棋人—机大战，以 4：1 的总比分获胜；2017 年 5 月，AlphaGo 又与中国著名围棋棋手、世界冠军柯洁对战，以 3：0 的总比分获胜。这两组人—机对战再次引起了人们对人工智能的讨论，如人工智能是否会代替人类工作、给人类带来哪些威胁。

据新闻报道，2016 年，富士康用机器人取代了 6 万名工人，而且计划在未来会投入更多的机器人。另据报道，华尔街的股票交易员也将被机器人取代。一些重复性、机械性的工作将大量地被机器人抢占，引发了人们对机器人可能会取代自己工作的担忧。但在目前的智能家居市场，家电、家具的智能化远远没有达到这个水平，从最具人工智能的语音音箱来看，未来可能会迈向人与机器的互动，机器可以识别人类语言。

2.4.2 人工智能是方向

人们普遍认为，智能家居产品应该具有感知、学习、判断、交互的能力，能自动感知人们的需求或是能听懂人的指令并完成相应的动作，比如空调能够通过物理传感器和身份信号识别，确认房屋主人回到家后，根据温控设备自动灵活地调节温度；厨房警报器能在煤气发生泄漏时，通过空气监测装置采集数据，自动打开门窗并关闭电源，然后再通知屋主、物业或者消防单位。智能家居的目的是减少人们使用家居设备的精力耗费，然而目前的软／硬件技术都无法达到这个层次，这需要传感器、人工智能等多方面的共同发展。智慧音箱开拓了人—机对话的新市场，未来人—机对话会出现在其他的家电产品中，比如直接用语音命令空调调整温度或开关机，而不是通过手机、遥控器或其他中间设备。

2.4.3 集中控制、互联互通是目标

当前，智能家居产品大多以孤立的单品形式存在，不同品牌之间无法互联互通，各个品牌的家电都有自己的 App，这造成了用户手机中的 App 数量多，使用反而不方便的局面。随着智能家居产品的普及，这种局面需要改善，随着人工智能技术的发展，我们完全可以将家庭内分散的智能单品连接起来，使之形成完整的智能家居生态，改变之前智能家居弱联动的短板，同时 Wi-Fi、蓝牙、ZigBee等网络技术也为智能家居的互联互通奠定了技术基础，硬件的通信标准及云端连接的标准等核心环节的互联互通将是发展的趋势，整个智能家居的发展方向将实现数据的全面兼容。

2.4.4 节能环保是硬性要求

节能环保需要工业区、公共场所、家庭乃至整个社会的参与，除了广泛的宣传使环保概念深入人心、唤起人们主动关注环保问题之外，通过技术实现环

保的目的也是至关重要的。人们很多的生活习惯都可能造成能源的浪费，如忘记关灯、关空调，或是打开空调却忘记关窗等。有关调查显示：当家中所有的灯光都降低 10% 的亮度时，一年减少的二氧化碳的排放量相当于一辆车 1 个月的排放量；照明能耗占整个建筑电量能耗的 25% ～ 35%，占全国电力总消耗量的 13%。

　　智能家居的节能通常利用感应开关控制灯光系统和温控系统，能调节亮度和温度，以及让设备在需要时自动开启，在不需要时自动关闭。

2.4.5　易于操作是要点

　　目前，市面上的智能家居产品采用手机和产品结合的控制方式，即所有的产品均需要通过用户的手机 App 进行操控。但产品在使用前还要进行一些设定，同时在执行某个具体开关指令时还要经过多个步骤，并不能给人带来便利，远不如遥控器操作简单。

2.5　我国智能家居供需市场分析

2.5.1　我国智能家居的市场需求分析

　　我国经过 30 多年的高速发展，居民的生活水平和消费能力有了很大提高，新需求的增长以及信息化给人们传统的生活带来的改变，促使许多人对智能家居的需求日益强烈。

　　近几年，智能家居市场十分火热，产品供不应求，全国总体求购指数呈爆炸式增长。智能家居产品在防盗报警和楼宇控制等领域使用得比较多；从用户的角度来看，家居控制、家居环境、娱乐的市场需求较为迫切。

　　目前，投向智能建筑工程领域的投资额约占我国建筑总投资额的 5% ～ 10%，我国每年新建的智能建筑约 4000 亿平方米，有上市企业 20 余家。目前，精装修已成为房地产行业的发展大趋势，但精装修的理念和标准在不断更新。仅是精装修已无法满足人们对于家居舒适化的需求，业主还需要配套的智能化产品。

智能家居利用信息通信技术，使家居装修往数字化、网络化、集成化的方向发展，这个过程结合了三网融合、物联网、4G/5G 移动通信等技术，这体现了居住环境的人性化、生活化、简单化等特点，为用户提供便捷的服务，牢牢抓住了人们追求高品质、高智能生活的心理。当前，智能家居已成为房地产企业提升品质的砝码之一。

2.5.2　我国智能家居市场的供给分析

我国的智能家居起步较晚，尚未形成国家标准，但国内专业智能家居厂商的数量正在快速增长，比较知名的产品有海尔的 U-Home、清华同方的 e-Home、科龙的"现代家居信息服务集散控制系统"、Enjoysmart 的易居家庭自动化系统等。

目前，智能家居行业中的系统集成、远程控制等技术不断发展、成熟，相关产品应运而生。以前的很多概念都被一一落实，不稳定的运行系统也逐渐趋于稳定。技术水平和产品质量的不断提升为智能家居行业的全面发展提供了先决条件。广东、福建等地涌现了一大批生产智能灯控、智能窗帘、电器远程控制、周界及室内防盗报警等智能家居子系统的企业。这些企业的进入不但给市场带来了巨大的活力，而且推动了行业的发展。

2.5.3　智能家居企业的分类及现状分析

近年来，市场上每年都会出现十几个智能家居产品的品牌。正是出于对市场未来前景的美好憧憬，不断有企业前赴后继地投入智能家居行业中。总体来说，智能家居企业大致可以分为以下几种类型。

2.5.3.1　技术背景强或具备相关知识产权的企业

毕竟智能家居相关产品的技术含量相对较高，有技术背景的企业较为典型，尤其是在某个技术领域有相关知识产权（如 PLC、KNX、ZigBee 或者私有接口协议等技术）的企业，这类企业大多由技术人员主创，但相对来说生命力较为薄弱，主要原因有以下几点。

① 忽视市场：没有形成良好的市场推广计划，大多数技术型企业一味地追求自己掌握的技术，却忽略了技术出现与市场普及之间还有一段路要走。

② 过分专注：只专注自己的某项技术成果，而忽视了物联网产业以共存共通

为宗旨的开放趋势。

③ 忽略设计：产品外形的设计显得相对粗陋。

所以，从生存状态来说，因为这些原因，以某项技术背景而创业的企业容易夭折。当然，这类企业中也有获得资本青睐或政策货款等支持而存活的企业，但这绝对是少数。

2.5.3.2 制造背景强、具备产品开发能力的企业

我国有一些企业在为世界品牌提供代工服务，甚至提供设计等，积累了产品开发和生产制造的经验，基于此，这些企业努力开拓，找到适合我国市场的产品定位，创立智能家居品牌并在国内进行市场推广。基于相对成熟的技术和较好的质量，这些企业在国内市场上得到了一定的认可，甚至其自主品牌也能走出国门，挺进世界市场。

2.5.3.3 转型的智能家居企业

因为智能家居涉及面较广，这也令许多相关的企业受到关注，所以由相关产业转型进入智能家居产业的企业为数众多，并且多数是较为知名的大中型企业，它们有条件、有能力投入大量的人力和物力设计和开发智能家居相关产品，甚至厂商间结盟合作，共同建立通信规范等技术协议。以下包括几类典型的涉足智能家居产业的企业。

① IT 企业：计算机、通信产品、消费电子等行业的企业。

② 家电企业：空调、冰箱、洗衣机等行业的企业。

③ 智能建筑企业：安防、照明、会议系统等行业的企业。

④ 系统集成企业：弱电、智能化系统集成等相关行业的企业。

2.5.4 智能家居市场的发展策略

智能家居市场的发展策略如下。

① 推进产业链的整合完善，推进行业标准、规范的制定：推进产业间的交流沟通和合作，推动企业、行业在产品、技术、方案、标准及服务等方面的合作拓展，推动完善产业链。

② 制定产品检验标准，通过第三方测试、检验、认证等方式，打造高质量的、覆盖用户各方面需求的、完整的产品体系。

③ 打造集聚统一的展销平台，为市场造势：为各业界主流智能家居厂商、运

营商、系统集成服务商提供统一的展示、宣传、销售其产品的服务，构建聚焦市场／消费者需求的平台，并群策群力加大宣传造势，通过媒介、专题等活动，持续提升智能家居整体行业的市场认知度及影响力。

④ 推进智能家居综合服务商业模式，通过集中统一的销售平台为消费者提供产品和服务：建设智能家居综合服务中心，通过行业集聚效应提升智能家居市场的影响力，拓展市场规模，其建设思路如下。

● 建立大型智能家居体验中心，为用户提供现场体验，提升用户对智能家居行业及产品的直观认识，提高智能家居行业的市场认知度及影响力。

● 集合业界主流的智能家居厂商、运营商、系统集成服务商，提供主流的、尽可能完整的智能家居优势产品和服务。通过为用户提供咨询、体验和货比三家、量身定制的方案以及以购买、安装、售后维护服务为一体的一站式综合服务的经营模式，拓展市场。

● 选择有条件的城市先行试点，待模式成熟后再向各地拓展。

● 尽可能联合各方优势，把握天时、地利、人和，打造规模效应，减少新增投入，避免重复投入，降低业务运营风险，实现合作共赢。

⑤ 通过跨行业合作拓展市场渠道。

第3章

智能家居涉及的关键技术

　　智能家居是指以住宅为平台，利用网络通信技术、互联网技术、计算机技术和智能终端集成与家居生活有关的设施，并在后台设置云服务平台，构建高效的住宅设施与家庭日程事务的智能控制和管理平台，实现人与物、家庭与家庭的互联互通，以此提升家居的安全性、便利性、舒适性、艺术性，实现"以人为本"的全新家居生活体验。

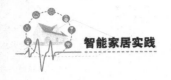

3.1 物联网技术

3.1.1 什么是物联网

物联网就是物物相连的互联网；基于互联网、传统电信网等信息承载体，所有能够被独立寻址的普通物理对象都可实现互联互通。

物联网是下一代互联网的发展和延伸。

3.1.2 物联网的体系结构

物联网的体系结构如图 3-1 所示。它可分为感知层、网络层和应用层 3 层。

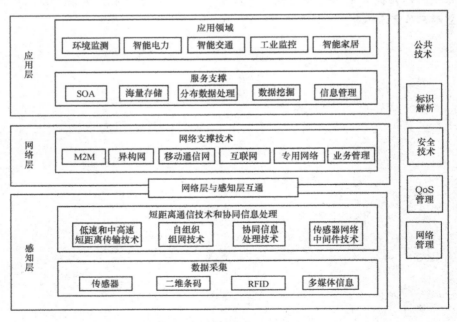

图3-1 物联网的体系结构

3.1.2.1 感知层

感知层相当于人体的皮肤和五官，主要用于识别物体通过射频识别、传感器、智能卡、识别码、二维码等对感兴趣的信息进行大规模、分布式地采集，并对其进行智能化识别，然后通过接入设备将获取的信息与网络中的相关单元进行资源共享与交互。

3.1.2.2 网络层

网络层相当于人体的神经中枢和大脑，主要承担信息传输的工作，即通过现有的三网（互联网、广电网、通信网）或者下一代网络（Next Generation Networks，NGN），实现数据的传输和计算。

3.1.2.3 应用层

应用层相当于社会分工，与行业需求结合，实现广泛智能化，是物联网与行业专用技术的深度融合。应用层完成信息的分析处理和决策等功能，并实现或完成特定的智能化应用和服务任务，以实现物与物、人与物之间的识别与感知，发挥智能作用。

3.1.3 物联网的关键技术

物联网产业链可细分为标识、感知、处理和信息传送 4 个环节，因此物联网的每个环节主要涉及的关键技术包括以下 4 个方面，具体如图 3-2 所示。

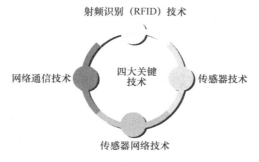

图3-2 物联网的四大关键技术

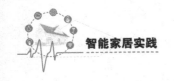

3.1.3.1 射频识别（RFID）技术

RFID 是物联网感知层中最重要的技术之一，也是目前使用最广泛的感知层技术。RFID 技术集成了芯片设计与制造、天线设计与制造、无线通信、标签封装、信息安全等技术。RFID 系统一般包括电子标签、读写器、中间件及应用系统。

3.1.3.2 传感器技术

传感器负责物联网信息的采集，是物体感知物质世界的"感觉器官"，是实现对现实世界感知的基础，是物联网服务和应用的基础。传感器通常由敏感元件和转换元件组成，可通过声、光、电、热、力、位移、湿度等信号来感知世界，为物联网的工作提供最原始的信息。

3.1.3.3 传感器网络技术

传感器网络综合了传感器技术、嵌入式计算技术、现代网络及无线通信技术、分布式信息处理技术等，能够通过各类集成化的微型传感器的协作实时地监测、感知和采集各种环境或监测对象的信息，通过嵌入式系统对信息进行处理，并通过随机自组织无线通信网络以多跳中继方式将所感知的信息传送到用户终端，从而真正实现"无处不在的计算"理念。一个典型的传感器网络结构通常由传感器节点、接收发送器、互联网或通信卫星、任务管理节点等部分构成。

3.1.3.4 网络通信技术

传感器利用网络通信技术为物联网数据提供传送通道，而如何在现有网络上进行增强，使之适应物联网业务的需求（低数据率、低移动性等），是现在物联网研究的重点。传感器采用的网络通信技术分为近距离通信技术和广域网络通信技术两类。

3.1.4 物联网在智能家居领域中的应用

物联网时代的到来，使人与物、建筑等连接。小到家用电器，大到汽车、建筑物，都可以通过网络进行信息交换及控制，物联网可以改变人们的生活和工作方式，因此，物联网技术将带来划时代的技术革命。"十三五"期间，物联网的应用领域主要分布在智慧交通、智慧物流、医疗卫生、智能家居、智慧电网、公共安全、环境保护等领域，其中，智慧城市的建设是我国城市发展与转型的重要内容之一。

智能家居产品集计算机网络系统、网络通信技术和自动化控制系统于一体，可通过有线或无线网络，将各种家庭设备组合成智慧家庭网络，使之实现自动化，同时可实现用户对家庭设备的远程操控，提高了家居生活的舒适度，并能为家居环境提供全方位的信息交互功能。

所谓智慧家庭，其实就是家庭自动化。首先，安全防范是智慧家庭的第一要求，它主要由防盗、防劫、防火、防燃气泄漏、紧急求救等组成；其次，智慧家庭还要求家庭环境更加环保、节能、舒适，家庭设备运行更加智能化；最后，家庭信息化、自动化程度更高，所有家电都实现智能化，并可与人进行信息交互，包括节目点播、节目互动、游戏、娱乐等信息服务。智慧家庭系统的主要子系统有：智慧家庭控制管理系统、电力及照明控制系统、家庭环境控制系统、安防系统、信息网络系统、背景音乐及多媒体娱乐系统等。例如，智慧家庭系统可以实现智能门禁控制、安防报警、网络视频监控、智能照明控制、家电智能控制和远程控制、温湿度空调智能控制、智能厨卫环境控制、水电气自动抄表、网上购物、网络办公、远程教育和医疗、智能家庭用品管理等。

物联网在智能家居中的九大应用实例

实例一：烹饪

为传统烤箱加入 Wi-Fi 功能会有什么好处？用户可以使用手机应用控制烤箱的温度，包括预热和加温，还可以下载菜谱，实现更具针对性的烹饪方式。

实例二：空调及温控

没有什么比在炎热的夏季进入凉爽的室内再惬意的事情了，但如果家中无人，如何实现自动温控？答案就是使用智能空调或是恒温器。比如，Quirky 与通用电气合作推出了 Aros 智能空调，该空调不仅具备远程温控操作功能，还能"学习"用户的使用习惯。

如果不想更换空调，其实还有更简单的解决方案，比如 Tado。这款温控器非常适合国内用户，因为它能够兼容包括海尔在内的主流品牌空调，只要将它连接空调，就可以方便地组建智能温控系统，用户通过手机控制每个房间的温度、定制个性化模式，同样也支持基于位置的全自动温控调节功能。

实例三：马桶

市面上除了通过内置接近传感器实现自动开关盖操作的马桶，某品牌

还推出了内置智能分析仪的马桶，该马桶能够将排泄物的分析结果传输至手机应用中，让用户随时了解自己的健康状况。

实例四：灯光

智能灯泡是一种非常直观、入门的物联网家居体验，任何用户都可以轻松尝试。目前，智能灯泡品牌逐渐增多，如飞利浦、LG等品牌，我们可以通过手机应用实现开关灯、调节灯光颜色和亮度等，甚至还可以实现灯光随音乐闪动的效果，把房间变成炫酷的舞池。

实例五：插座

插座可以说是一切家用电器获得电力的基础接口，如果它具备了连接互联网的能力，其他电器就能同样具备连接互联网的能力。目前，市场中的智能插座品牌日益丰富，如贝尔金、Plum、D-Link等，它们不仅可以实现手机遥控开关电灯、电扇、空调等家电的功能，还能够监测设备的用电量，生成图表帮助用户更好地节约能源及开支。

实例六：音响系统

如Sonos品牌推出的音响产品均采用Wi-Fi连接，能够接入家庭无线局域网中，让用户通过移动设备来控制音乐的播放，同时还能够实现每个音箱播放独立的音乐、与智能灯泡等设备联动的功能。

实例七：运动监测

科技为我们带来了全新的运动、健身方式，运动手环或智能手表可以监测每天的运动量。不仅如此，我们可以通过新型的智能体重秤获得更全面的运动监测效果。如，Withings的产品内置了先进的传感器，可以监测血压、脂肪量甚至是空气质量，通过应用程序为用户提供健康建议，另外还可以与其他品牌的运动手环互连，实现更精准、更加无缝化的个人健康监测。

实例八：个人护理

不仅仅是运动、健身监测，物联网技术也已经渗入个人健康护理领域。欧乐B、Beam toothbrush都推出了智能牙刷，牙刷本身通过蓝牙4.0与智能手机连接，可根据用户刷牙的数据生成分析图表，估算口腔的健康情况。

实例九：家庭安全

物联网的另一大优势就是将原本"高大上"的企业级的应用带入家庭中，比如安全监控系统。一些品牌的摄像头通常具有广角镜头，可拍摄720P或1080P的视频，并内置了移动传感器、夜视仪等先进功能，用户可以通过手机应用查看室内的实时状态。

3.2　云计算技术

3.2.1　云计算技术概述

3.2.1.1　何谓云计算技术

云计算是一种基于互联网相关服务的增加、使用和交付模式。云计算是一个提供动态、易扩展的虚拟化的资源地。"云"是网络、互联网的一种比喻。我们过去在图中往往用"云"来表示电信网，后来也用来表示互联网和底层基础设施。狭义的云计算是指IT基础设施的交付和使用模式，指用户通过网络以按需、易扩展的方式获得所需的资源；广义的云计算是指服务的交付和使用模式，指用户通过网络以按需、易扩展的方式获得所需的服务。这种服务可以是IT和软件，也可以是其他服务。它意味着计算能力也可作为一种商品通过互联网进行流通。

3.2.1.2　云计算的显著优点

云计算具有图3-3所示的显著优点。

1	云计算提供了最可靠、最安全的数据存储中心，用户不用再担心数据丢失、病毒入侵等问题
2	云计算对用户端的设备要求较低，使用起来比较方便。此外，云计算可以轻松实现不同设备间的数据与应用共享
3	云计算为我们使用网络提供了无限多的可能，例如，更快的部署次数，客户端采用时间缩短；开发资源库非常丰富；促进营收；改善分类IP服务的总体拥有成本和利润率；降低应用程序生命周期成本

图3-3　云计算的显著优点

在智能家居领域，云计算的优点也得到完美体现，成为发展智能家居最强大的动力。

3.2.2　云计算在智能家居领域中的应用

智能家居的所有功能都建立在互联网与移动互联网的基础上。如今的智能家居其实就是一个家用的小型物联网，需要通过各类传感器，采集相关的信息，并通过分析、反馈这些信息，以实现相关的功能。

因此，智能家居的稳定性、可靠性在很大程度上建立在良好的硬件基础上，没有容量大的存储设备将会造成信息难以被存储，甚至大量的数据会因此被遗失，自然更难对其进行针对性地查询分析以及计算。如远程视频监控与远程对话都需要极大的容量，若丢失关键数据，就会造成损失。目前来说，普通的存储设备很难跟得上数据存储的增长速度，很少有人会为了一百多平方米的地方专门购买一台用于存储、分析、计算家庭各项数据的服务器。

而"云"却是一种低成本的虚拟计算资源，云计算集中这些资源并进行自动管理，用户可以随时随地申请部分资源以支持各种应用程序的运转，省去了大量的维护工作，降低了使用成本，提高了工作效率，获得了更好的服务。

为了满足智能家居的种种需求，云计算成为智能家居最好的伙伴，通过云计算，建设一个"云"家，用户可更加精准快速地控制家居设备，而且在用户获得更好的云服务的同时，成本也更加低廉。

云计算在智能家居领域的应用，已经打破了地域及领域上的限制，形成了一个统一的大系统，为个性化的需求提供了丰富的产品和体验。应用云技术的家居系统成为物联网中崛起的新生力量。

3.2.2.1　智能家电

云计算的出现为实现家电的智能计算提供了一种方便的做法，云计算中心强大的计算力和存储力为实现家电终端的智能化提供了保证。智能家居中的家电系统将依赖云计算系统实现智能水平的飞跃，家电的工作状态都在云家电中心的监控和管理之中，一般来讲传统家电的智能水平是很弱的，数据的存储能力更是非常小，有了云计算系统的支持，家电的智能将主要来自于云计算中心，所有的家电终端通过网络与云计算中心沟通信息，向云计算中心传递当前的工作状态，利用云计算中心的强大计算力和存储力为终端提供智能计算支持，这样家电系统实现了智能化的集成与管理，如空调可以自动为室内提供适宜的温度、窗户可以根据天气的变化自动开关等，使原本呆板的家庭设备具有"灵性"，使物与物、物与人之间有效互动，也使各种设备为用户的生活提供更加贴心的服务。

3.2.2.2　家居物联

在智能家居物联网中，云计算技术是最核心也是最重要的部分。根据物联网的体系结构，智能家居物联网分为感知层、网络层和应用层，而云计算则控制着应用层的整个体系。云计算技术降低了智能家居的硬件投资资本，也为家庭内部的复杂计算提供了可能。借助人因工程、临床医学、营养学、语言识别等技术，通过家庭公共云计算服务器建立智能家居云感知模型，实现家庭内部的用户习惯感知、情绪感知、健康感知、语言感知等，并为家庭提供商提供第三方接口，提供具体的、便于人们生活的环境服务、健康服务、配送服务等各种服务。

3.2.2.3　家庭安防

利用云计算技术组成的家庭云终端设备能够对安装在家庭内部的各种无线或有线设备（如烟雾探测传感器、紧急报警按钮等报警装置）所发出的信号进行分析处理，并将信息传到用户的手机或计算机上，用户可以通过手机或电脑确认报警信息，以便及时处理事故。云计算与物联网所组成的安防云使安防行业由"集约安防"向"智能安防"转变，从单一功能产品到多传感终端集成、从单一变量检测到周边环境全面感知、从被动防御到基于模型研判与态势分析的主动防御，用户离开房间后自动进行安全防范，用户在单元门口刷卡后，安防云自动撤防，并可以自动打开照明设备、窗帘、热水器等。

3.2.2.4　远程控制

云计算技术可以提供跨不同网络并且能够支持各种类型的终端以及各种互联网的应用，用户使用手机或电脑可随时了解家中各项电器和安防设备的运行状况，并根据用户的意愿控制家中的所有设备，这样用户回到家就有热水喝还可以洗热水澡。

3.3 大数据技术

3.3.1 什么是大数据

"大数据"是一个体量特别大、数据类别特别大的数据集，并且这样的数据集无法用传统的数据库工具对其内容进行抓取、管理和处理。

大数据最核心的价值就是对海量数据进行存储和分析。在大数据时代，所有的信息都可以被数据化处理，尤其是基于互联网技术而开发的移动信息一体化平台。利用这个平台，我们日常生活的信息被收集起来，进行数据化处理，然后经过云计算系统的统计分析，找到用户的生活规律。

3.3.2 大数据涉及的技术

3.3.2.1 大数据采集

智能家居控制系统所产生的数据包含面非常广，既有硬件传感器的数据，也有硬件本身所产生的数据，还有用户和硬件交互的数据以及用户通过 App 等客户端产生的数据，甚至还有用户自身的使用习惯和生活场景的数据等。

智能家居大数据的采集内容包括 App 的使用情况、故障自诊断信息、服务运营信息、用户画像、设备的使用状态、用户的使用行为、App 的交互行为、用户的信息数据、设备的功能信息、用户信息、设备日志、App 日志、子设备参数与运行状态等其他数据。

3.3.2.2 大数据储存

据统计，全球平均每人携带 200GB 的数据，使用的人越多，这个数据也就越大，大体量数据的常规储存方式已不能满足需要，必须借助云平台来储存。

高度智能化的智能家居涉及的数据量非常庞大，传统存储技术已无法满足需要，因此，云存储技术的发展与应用也为智能家居的发展提供了坚实的基础。

智能家居大数据云存储系统主要由逻辑控制模块、用户访问模块、存储模块、文件读／写模块和面向智能家居的大数据云存储模块构成，具体如图3-4所示。

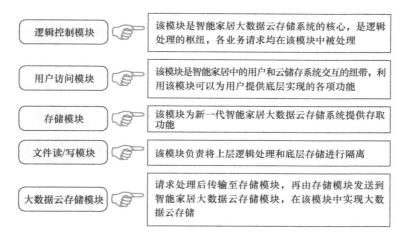

图3-4 智能家居大数据云存储系统的模块构成

3.3.2.3 大数据处理

大数据的处理也需要借助于云平台的超强计算能力。

（1）每个数据的处理流程

每一个数据都要经过 ETL（即抽取、转化、加载），最后数据被清洗。如果数据大批量进来，有些数据可能是有问题的。比如，很多地址会被写得比较模糊，有人要搜索"北京"这个词时，数据仓库里可能只有一个"京"字，这些都要统一整理成一个（比如北京），这样后面的分析就会简单。又比如"山东"这个词，有人会输入"鲁"字来进行搜索，这就需要在大数据分析前做好数据的清理工作，做规范化处理，这样后面的数据分析就方便很多。

（2）大数据的分布式计算

通常用于数据分析平台的分布式计算平台内的存储不是我们以往面对的网络附加存储和存储区域网络，而是内置的直连存储以及组成集群的分布式计算节点，其对数据的保护和保存的流程都非常复杂。但大数据分析中包含各种快速成长中的技术，简单用分布式技术对其定义并不准确。

3.3.3 大数据在智能家居领域的贡献

每个人都是数据的贡献者，全球平均每人携带 200GB 的数据，而智能家居作为围绕人与设备的新兴领域，大数据对其相辅相成的贡献也是不言而喻的。

智能家居控制系统所产生的数据包含面非常广，智能家居企业初期围绕业务驱动，建议采用大规模的分布式云存储架构，来满足未来企业的高速发展和创新需求。

3.3.4 云计算与大数据

要想获得海量数据，设备必须与"云"连接，智能家居领域面对的将是千亿级乃至万亿级的设备。云安全部署还未成熟的情况下，就将这些设备盲目上"云"，将会导致不可想象的灾难，因此数据安全的前提是"云"安全。

云计算和大数据是一枚硬币的两面，云计算是大数据的 IT 基础，而大数据是云计算的一个杀手级应用。云计算是大数据成长的驱动力，而越来越多的数据需要云计算去处理，所以云计算与大数据是相辅相成的，在智能家居产业中体现得更加淋漓尽致。

未来通过云计算对大数据进行存储分析和准确提取的同时，还需要深度学习和深度挖掘数据，学习用户的行为，实现更加"聪明"的智慧体验。

3.4 ZigBee无线技术

3.4.1 ZigBee 的概念

ZigBee 是一种近距离、低复杂度、低功耗、低数据速率、低成本的双向无线通信技术，主要适用于自动控制和远程控制领域，是为了满足小型廉价设备的无线联网和控制而制定的。在 IEEE802.15.4 网络中，我们根据设备所具有的通信能力可将其分为全功能设备（Full-Function Device，FFD）和精简功能设备

（Reduced-Function Device，RFD）。FFD 之间以及 FFD 和 RFD 之间都可以相互通信，但 RFD 只能与 FFD 通信，而不能与其他 RFD 通信。RFD 主要用于简单的控制应用，传输的数据量较少，对传输资源和通信资源占用不多，在网络结构中一般作为通信终端。

FFD 一般需要功能比较强大的微控制单元（Microcontroller Unit，MCU），在网络结构中用于网络控制和管理功能。在 IEEE 802.15.4 网络中，个人局域网（Personal Area Network，PAN）协调者的 FFD 设备，是低速率无线个域网（Low Rate Wireless Rersonal-Area Network，LR-WPAN）网络中的主控制器。PAN 协调者除了直接参与应用外，还要完成成员身份的管理、链路状态信息的管理以及分组转发等任务。无线通信信道的特性是动态变化的，节点位置或天线方向的微小改变、物体移动等周围环境的变化都有可能引起通信链路强度和质量的剧烈变化，因而无线通信的覆盖范围是不确定的，我们在进行网络协议的设计时要考虑无线信道的这个特点。

3.4.2　ZigBee 的应用领域

ZigBee 技术主要嵌入在消费类电子设备、家庭和建筑物自动化设备、工业控制装置、电脑外设、医用传感器、玩具和游戏机等设备中，应用于小范围的基于无线通信的控制和自动化等领域中，包括工业控制、消费类电子设备、汽车自动化、农业自动化和医用设备控制等领域。通常情况下，符合如下条件之一的应用均可以考虑采用 ZigBee 技术作无线传输：

① 设备成本较低，传输的数据量较小；
② 设备体积较小，不便放置较大的充电电池或者电源模块；
③ 没有充足的电力支持，只能使用一次性电池；
④ 无法频繁地更换电池或者反复地充电。

3.4.3　ZigBee 实现家庭组网的目的

ZigBee 实现家庭组网的目的是：在消费类电子设备中嵌入 ZigBee 芯片并联网后，实现家电等设备的无线互联。利用 ZigBee 技术可实现相机或者摄像机的自拍、窗户远距离开关、室内照明系统的遥控以及窗帘的自动调整等功能。特别是在手机或者 iPad 中加入 ZigBee 芯片后就可以被用来控制电视开关、调节空调温度及开启微波炉等。基于 ZigBee 技术的个人身份卡能够代替家居和办公室的门禁卡，还可以记录所有进出大门的个人的信息。

3.5 GPRS网络技术

3.5.1 什么是 GPRS 技术

通用无线分组业务（General Packet Radio Service，GPRS）是一种基于 GSM 系统的无线分组交换技术，面向用户提供移动分组的 IP 或者 X.25 连接。与 GSM 电路交换数据相比，GPRS 在数据业务的承载和支持上具有非常明显的优势，能资源共享且频带利用率高，用户只有在进行数据传输时才占用系统资源；数据传输率高，GPRS 采用分组交换技术，每个用户能同时占用多个无线信道，同一无线信道又可被多个用户共享。

理论上，GPRS 最高传输率可达 171.2 kbit/s，支持 X.25 协议和 IP，可与现有的数据网络进行互通互联，用户可永远在线且按流量、时间计费，通信成本低。由此可见，我们将 GPRS 技术应用于智能家居控制系统的数据传输是最理想的选择。

3.5.2 GPRS 技术在智能家居中的应用

GPRS 通信模块安装在智能家居控制器中，主要功能为通过 GPRS 网络连接到 Internet，并主动与监控中心建立通信链路，进行双向数据通信。

智能家居控制器的具体功能见表 3-1。

表3-1 智能家居控制器的具体功能

功能	说明
家用设备的数据采集	采集包括室内温度、灯具家电、防盗门等家用设备的状态数据，经控制器处理后反馈给用户
本地控制	用户通过控制器上的键盘和显示屏，对家用设备进行监控
远程控制	远程用户可以通过发送手机短信或通过互联网对家庭系统进行控制和查询
自动报警	当控制器检测到非法闯入或温度超高等报警信号时，及时触发室内报警装置，并通过发送报警短信等方式及时通知用户

（续表）

功能	说明
温度查询	用户可以通过控制器查询室内温度
防盗门密码设置	用户可以通过本地或远程的方式修改防盗门的密码，在门外输入正确的密码后才可打开门
红外家电控制	接收用户命令，通过红外发射电路控制电视、空调等红外可控的家电设备
其他灯具等开关设备的控制	接收用户命令控制灯具等开关设备

智能家居控制器通过 GPRS 模块，实现家庭系统与外部网络的通信，是系统的核心部分，解决了以前智能家居控制系统的瓶颈。GPRS 是在现有的 GSM 系统上新增的 GPRS 支持节点（Gateway GPRS Support Note，GGSN）和服务 GPRS 支持节点（Serving GPRS Support Note，SGSN）发展出来的一种新的分组数据承载业务。GPRS 与现有的 GSM 系统最根本的区别是：GPRS 是一种分组交换系统，特别适用于间断的、突发性的或频繁的、少量的数据传输，也适用于偶尔的大数据量传输。GPRS 网络传输的主要优点有永远在线、按流量计费、快速登录、高速传输、覆盖范围内不受限制（传输距离、地形、天气等）、数据传输可靠等。

3.6　家庭网络技术

家庭网络是指包括可以扩展至整幢住宅、整个社区在内的家庭范畴里的，将个人电脑、家用电器、三表（水表、电表、煤燃气表）、照明系统、安全报警系统与计算机广域网相连接的一种新技术。

3.6.1　家庭网络的结构

3.6.1.1　家庭网络系统的结构

传统网络是由骨干网、接入网组成的，家庭用户只是扮演单一的网络终端角色。而家庭网络出现后，网络结构逐步演变为多级结构。数字家庭网络包含数字

家庭网关、各种智能家电与信息终端设备等。其中，数字家庭网关（Residential Gateway, RG 或 Home Gateway, HG）是数字家庭网络的核心，是一种简单的、智能的、标准化的、灵活的个人家庭网络接口单元，它可以从不同的外部网络接收通信信号，再将信号传递给某个设备。家庭网关是整个家庭网络与外部网络联系的桥梁，是数字家庭各业务和应用的关键部件。国际电信联盟电信标准分局（IUT-T）已经将家庭网络纳入下一代网络（Next Generation Network，NGN）。家庭网关将在其中扮演重要角色。数字家庭网络的典型结构如图 3-5 所示。

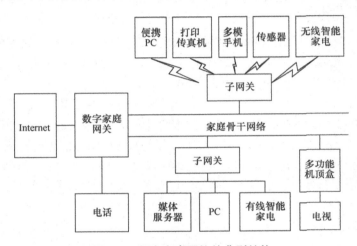

图3-5　数字家庭网络的典型结构

家庭住宅的物理结构存在局限性，加上用户经济承担能力有限等原因，相关人员在构建网络时应以经济实用为主要原则。由图 3-5 我们可知，家庭骨干网络可以根据已有网络的铺设情况，选择同轴电缆或双绞线等构成有线网络。图 3-5 中以总线结构作为网络拓扑结构，IP 域和家电、移动终端以及其他设备域之间采用网关的形式实现信息互通及协议转换的功能；不同域的设备之间能够通过网关实现信息共享和交互，真正实现家庭中的信息随处可得；高效的有线骨干网络与无线网络互相连接，以及服务质量（Quality of Service，QoS）和动态主机配置协议（Dynamic Host Configuration Protocol，DHCP）等关键技术的应用，使各智能家居、家电设备之间实现自动、无配置地接入系统，极大地提高了系统的灵活性、易用性及可扩展性。

3.6.1.2　家庭网络的一般逻辑结构

目前，真正的智慧家庭生活至少需要宽带互联网、家庭互联网和家庭控制网络 3 种网络的支持。其中，宽带互联网接入是家庭对外的桥梁；家庭互联网建立在信息家电的基础上，是一个较低速度的且与互联网能很好连接的网络；家庭控制网络则是更低一级，只是简单地把非智能的家电控制起来，从某种意义上讲，它只是信息家电普及前的一个过渡和补充。

图 3-6 所示为家庭网络的分层结构，整个系统可分为物理媒体层、底层协议层、应用程序接口（API）层、应用程序（App）层和最终用户接口（UI）层。其中，第一、二层的标准已经颁布，并已在实际中应用；第三层（API 层）是家庭网络技术发展的关键，是当前业界研究的热点；第四层是应用程序层，它是在第三层的基础上由技术人员开发的各种应用程序；第五层是各种用户接口（UI）的工具，它不只限于 PC 接口，同时也包括各种应急按钮、求助开关、遥控装置和个人电脑及其他可视接口设备，UI 的简单性、易用性和灵活性关系到整个系统性能的发挥和使用，也对用户的接受程度产生很大地影响。

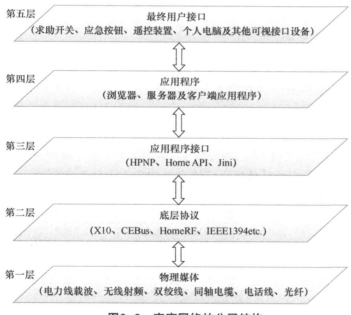

图3-6　家庭网络的分层结构

按照家庭网络的分层结构，家庭网络的协议标准可以分为：协议规范（第一、二层）、API 层（第三层）协议规范和 UI 层（第五层）规范。其中 UI 层还没有任何企业规范和标准，随着市场的不断扩大和用户要求的提高，系统的 UI 规范化设计势在必行。

3.6.2 家庭网络的关键技术

家庭网络是一种特定的局域网络。它在逻辑结构上与 LAN 具有一定的相似性，但在其应用环境、操作功能、系统的物理组成及使用对象上都具有自己的特点。家庭网络的具体实现需要以下关键技术的支持。

3.6.2.1 嵌入式操作系统的设计和嵌入式集成芯片的制造

家庭中的设备种类繁多，控制方式、计算能力及智慧程度相差悬殊，要想实现网络的覆盖功能，必须具有嵌入式操作系统（Operating System，OS）和嵌入式集成电路（Integrated Circuit，IC）的支持，这同时也是信息家电的核心技术。当前主要的嵌入式操作系统有 Windows CE、3COM 的 Palms OS、JAVA2、JAVA2 Micro Edition、Pjava、Ejava 以及具有我国自主知识产权的凯斯集团的 Hopen 嵌入式操作系统。

3.6.2.2 API级的互操作规范

API 级的互操作规范是家庭网络应用开发的基础，它屏蔽了下层通信协议的差别，为上层提供统一的开发接口。

3.6.2.3 最顶层的用户接口设计规范确立

用户接口决定了家庭网络的易用程度，进而决定了最终用户对系统的接受度。对于网络接口来说，它的具体应用环境及特殊的应用对象决定了其自身的特点，具体如图 3-7 所示。

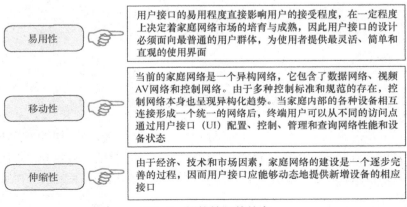

图3-7 网络接口的特点

3.6.2.4 家庭网络的接入技术

接入技术是 Internet 与家庭网络的连接方式，接入技术有有线和无线两种方式，有线方式有 Modem、混合光纤同轴网络（Hybird Fiber-Coaxial，HFC）Cable Modem、光纤到户（Fiber To The Home，FTTH）和各种类型的数字用户线路（Digital Subscribe Line，DSL）技术；无线方式有无线应用协议（Wireless Application Protocol，WAP）和本地多点分配业务系统（Local Multi-point Distribution Service，LMDS）等技术。

3.6.3 家庭网络的标准和规范

无论是标准组织发布的标准，还是领先系统供应商作为事实标准发布的标准，它们都将在系统开发中发挥越来越重要的作用。

3.6.3.1 IEEE 802.11无线局域网标准

IEEE 802.11 无线局域网标准为两类网络定义了协议，即临时网络和客户机 / 服务器网络。临时网络是一种简单网络，在这种网络中无须使用接入点或服务器，就可给覆盖区域内的多个站点之间建立通信。该标准规定了每个站点必须遵守的规则，这样所有的站点都可以公平地访问无线媒介。

3.6.3.2 蓝牙

蓝牙无线电技术为现有数据网络、外设接口提供了一座通用桥梁，并可在远离固定网络基础设施的地方构建由连接设备组成的小型专用临时工作组。在设计上可用于噪声 RF 环境的蓝牙无线电技术利用一种快速应答和跳频方案来建立稳固的链接。蓝牙无线电模块通过在传送或接收数据包后跳到新频率上来避免其他信号的干扰。

3.6.3.3 SWAP

语义万维网应用平台（Semantic Web Application Platform，SWAP）系统既可以作为临时网络运行，也可以作为在连接点控制下的被管理的网络运行。在只支持数据通信的临时网络中，所有的站都是平等的，而网络的控制权分布在各站之间。在进行像交互语音这类时间敏感的通信时，需要一个连接点来协调系统。这种为公用电话交换网（Public Switched Telephone Network，PSTN）提供网络功能的

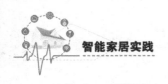

连接点，可以通过一些标准接口（可以实现增强语音和数据服务的通用串行总线）连接到 PC 上。SWAP 还可以利用连接点，通过安排设备唤醒和轮询时间来支持电源管理以延长电池寿命。

3.6.3.4　X10

X10 是一种国际通用的智能家居电力载波协议（即一种通信"语言"），使用这种"语言"的兼容产品可以通过电力线相互"说话"，无须重新布线，被控制的电器多达 256 路。低廉的价格、上千种的产品以及简单的设置方式可以使家庭迅速进入智能家居时代。

3.6.3.5　IEEE 1394

IEEE 1394 是一种用于娱乐和计算机设备之间短距离、低数据速率红外通信的串行接口。

3.6.3.6　家庭电话线网络联盟

家庭电话线网络联盟（Home Phoneline Network Alliance，HomePNA）是一种家庭网络的计算机互联标准，利用现有电话线路进行网络连接。利用 HomePNA，家庭中的多个计算机用户可以共享互联网连接、文件、打印机以及进行联网游戏。

3.6.3.7　HWN SSERQ/AAWG——超分布等边保留队列（SSERQ）协议

超分布等边保留队列（SSERQ）协议对无线传输语音、数据和多媒体服务进行了优化。其数据包保留方案提供了语音和多媒体服务所需的 QoS 和接入优先级。宽带及公共信道信令实现了用于高速 Internet 传输流和 Internet 接入的虚拟专用电路的快速建立和拆除。SSERQ 利用空中到空中无线网关支持 IEEE 802.11 基础设施模式（客户机 / 服务器）网络，空中到空中无线网关则提供了 802.11 与 SSERQ 网络之间的转换、管理和传输。

3.6.4　家庭网络的互联互通协议技术

互联互通协议旨在屏蔽设备间的差异性，实现它们的互联、互通、互操作。

3.6.4.1 UPnP技术

通用即插即用（Universal Plug and Play，UPnP）技术是被广泛应用的互操作技术。UPnP被设计用于支持零配置、"不可见"联网，以及对众多厂商的广泛设备类型的自动发现。UPnP除能够在家中、办公室和公共场所的联网设备之间的完整控制和数据传输之外，还可建立紧密的连接网络。

3.6.4.2 DLNA

数字生活网络联盟（Digital Living Network Alliance，DLNA）主要侧重于在网络家电设备、家用电脑和移动设备之间实现互操作性，以支持涵盖图片、视频和音频等的媒体应用。从总体上看，DLNA的范围仅限于家庭内部，其目的是实现家电、计算机、通信设备的智能连接。

3.6.4.3 闪联

闪联的目标是在"多种信息设备、家用电器、通信设备之间的设备自动发现、动态组网、资源共享和协同服务"方面进行标准化工作。

3.6.4.4 OSGi

开放服务网关（Open Services Gateway Inltiative，OSGi）的目标是有较高的独立性和保密性，应支持不同类型的家庭联网协议，应具有较高的可靠性的标准。

此外，以我国家电厂商为主导的"e家佳"、日本厂商组成的"泛在开放平台论坛（Ubiquitous Open Platform Foruim，UOPF）"等也从不同方面制订了设备间互联互通的协议规范。

目前，设备互联互通协议规范呈现多样化的特点，不同组织从各自利益及不同侧重点出发制订了相应的接口规范，虽然在业务、设备支持等方面呈现融合趋势，但在具体技术方案、特别协议、接口方面仍存在许多不同，不同组织协议规范各有特色，在一段时间内会长期共存发展。

3.6.5 家庭网络的通信媒体及内部联网方案

家庭网络的通信媒体有双绞线（Twisted Pair，TP）、家庭电话线、无线传输、电缆、光纤（Fiber Bundle，FB）和电力线（Power Line，PL），当前主要以双绞线、电话线和电力线为主，家庭无线网络将以其灵活方便和可移动计算而成为未来的

方向。与这些通信媒体相对应的家庭网络技术为：以太网和快速以太网（双绞线）、家庭电话线网络（Home PNA）、无线局域网和电力线网络。

联网方案与所采用的通信媒体密切相关，要遵守的两个原则是网络的易用性及合理的价格。家庭网络的功能不同、用户的经济承受能力不同，导致各种通信媒体的性能及可靠性也不同，因此家庭网络不可能有一个统一的解决方案。以下对几种方案进行比较。

3.6.5.1　以太网和快速以太网

有一些用户选择为他们的家庭网络安装新型的以太网布线系统，就像许多家庭办公用户那样。在一个以太网中，两台或多台 PC 位于同一个房间或毗邻的房间内。以太网不仅便于建立，简单、可靠和低成本更是以太网的过人之处。

3.6.5.2　家庭电话线网络

家庭电话线技术使得通过现有的家庭电话布线系统进行高速联网成为了可能。HomePAN 3.0 规范将数据传输速率扩展至 240 Mbit/s，最大连接设备数增至50 个，具备诸如 IP 电话、因特网访问、HDTV、CD 质量音频传输等第三重业务整合所需的 QoS 机制。家庭电话线网络可作为家庭数字音频和视频应用的高速主干网络。2007 年 3 月，国际电信联盟（ITU）宣布 HomePAN 3.1 规范，该规范是目前国际唯一承认的家庭网络技术标准。HomePAN 3.1 标准允许服务提供商通过家庭内部电话线和电缆以最高 320 Mbit/s 的速率提供高速的三重业务整合等互联网服务。

3.6.5.3　电力线网络

电力线网络使用家庭中现有的电力线来连接家庭中各处的设备。电力线网络的一个最大优势为：家庭中几乎每面墙上都留有插座，而且，大部分的家用电器都已经通过电源面板被互联了起来。尽管以前的电力线很难成为数据网络的传输载体，但除去干扰的因素之外，最新的技术可以实现非常高的数据传输速率与容错性。

3.6.5.4　无线局域网

无线局域网（Wireless Local Area Network，WLAN）具有灵活、机动和易于安装等优势。WLAN 的潜在市场正在不断增长，但是当前无线产品的性能价格比限制了其向多种行业应用的发展，随着其价格的降低及通信速率的提高，无线家庭网络将是未来发展的方向。

第二篇

路 径 篇

第4章

智能家居的规划设计与实际落地应用

随着人们收入水平的不断提升，智能家居产品将受到更多消费者的喜爱以及使用。生产家电、家居的企业都纷纷推出智能化产品，新的技术和产品不断涌现，因此急需国家出台产品和行业政策，以起到规范的作用。在国家政策的扶持之下，智能家居产品的普及将是必然的。近年来，国家和地方政府多次出台相关的扶持政策和文件来支持智能家居产业的发展。

4.1 支持智能家居发展的政策

4.1.1 智能硬件着重六大领域的创新

2016 年 9 月 21 日，工业和信息化部、国家发展和改革委员会联合印发《智能硬件产业创新发展专项行动（2016—2018 年）》，文件中提到了智能硬件产业的三大任务，具体如图 4-1 所示。

提升高端智能硬件产品的有效供给	面向价值链高端环节提高智能硬件产品质量和品牌附加值，提升产品功能性、易用性、增值性的设计能力，发展多元化、个性化、定制化的供给模式，强化应用服务及商业模式的创新，提升高端智能穿戴、智能车载、智能医疗健康、智能服务机器人及工业级智能硬件产品的供给能力
加强智能硬件核心关键技术的创新	瞄准产业发展制高点，组织实施一批重点产业化创新工程，支持关键软硬件IP核开发和协同研发平台建设。掌握一批具有全局影响力、带动性强的智能硬件共性技术。加强国际产业交流合作，鼓励国内外企业开源或开放芯片、软件技术及解决方案等资源，构建开放生态，推动各类创新要素资源的聚集、交流、开放和共享
推动重点领域的智能化提升	深入挖掘健康养老、教育、医疗、工业等领域智能硬件的应用需求，加强重点领域智能化的提升，推动智能硬件产品的集成应用和推广

图4-1　智能硬件产业的三大任务

其中第二个任务——加强智能硬件核心关键技术的创新，包括如下六大领域，具体如图 4-2 所示。

| 低功耗轻量级底层软硬件技术 | 发展适用于智能硬件的低功耗芯片及轻量级操作系统，开发软硬一体化解决方案及应用开发工具。支持骨干企业围绕底层软硬件系统集聚资源、建设标准、拓展应用、打造生态 |

| 虚拟现实/增强现实技术 | 发展面向虚拟现实产品的新型人—机交互、新型显示器件、GPU、超高速数字接口和多轴低功耗传感器，面向增强现实的动态环境建模、实时3D图像生成、立体显示及传感技术创新，打造虚拟/增强现实应用系统平台与开发工具的研发环境 |

| 高性能智能感知技术 | 发展高精度高可靠生物体征、环境监测等智能传感、识别技术与算法，支持毫米波与太赫兹、语音识别、机器视觉等新一代感知技术的突破，加速与云计算、大数据等新一代信息通信技术的集成创新 |

| 高精度运动与姿态控制技术 | 发展应用于智能无人系统的高性能多自由度运动姿态控制和伺服控制、视觉/力觉反馈与跟踪、高精度定位导航、自组网及集群控制等核心技术，提升智能人—机协作水平 |

| 低功耗广域智能物联技术 | 发展大规模并发、高灵敏度、长电源寿命的低成本、广覆盖、低功耗智能硬件宽/窄带物联技术及解决方案，支持相关协议栈及IP研发，加快低功耗广域网连接型芯片与微处理器的SoC开发与应用，提升龙头企业对产业链的市场、标准和技术的扩散能力，打造开放、协同的智能物联创新链条 |

| 端云一体化协同技术 | 支持产业链上下游联动，建设安全可靠端云一体智能硬件服务开发框架和平台，提升从芯片到云端的全链路安全能力，发展可信身份认证、智能语音与图像识别、移动支付等端云一体化应用 |

图4-2　加强智能硬件核心关键技术创新的六大领域

4.1.2　人工智能在智能家居领域的发展计划

2017年12月14日，工业和信息化部印发了《促进新一代人工智能产业发展三年行动计划（2018—2020年）》（以下简称《行动计划》），文件中提到了关于人

工智能在智能家居产品中的发展方向，以及如何保障智能家居的网络安全，并要求在智能网联汽车等领域应用，开展漏洞挖掘、安全测试、威胁预警、攻击检测、应急处置等安全技术攻关，推动人工智能技术在网络安全领域的深度应用，加快漏洞库、风险库、案例集等共享资源的建设。其中关于智能家居产品的应用发展如图 4-3 所示。

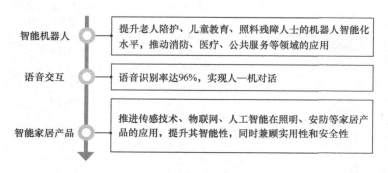

图4-3 智能家居产品的应用发展

在智能家居产品方面，《行动计划》支持智能传感、物联网、机器学习等技术在智能家居产品中的应用，提升家电、智能网络设备、水电气仪表等产品的智慧水平、实用性和安全性，推广智能安防、智能家具、智能照明、智能洁具等产品，建设一批智能家居示范应用项目并对其推广。到 2020 年，智能家居产品的类别将明显丰富，智能电视市场渗透率达 90% 以上，安防产品的智能化水平更是显著提升。

4.2 智能家居落地的途径

用户接触到智能家居的途径通常包括电子商务平台、智能家居体验店或样板房等，下面我们具体介绍。

4.2.1 电子商务平台

智能家居属于高科技新兴产业，这个行业的发展要取得市场营销的突破，单靠传统的销售途径会耗时、耗资金，是见效慢，而通过网络来增加曝光度和搜索量，以增加用户对这个新兴行业的了解与接受程度，是目前打开消费者市场的最佳路径。目前，我们通过京东、苏宁、国美等电商平台都可以找到智能家电商品。

4.2.2　跟房地产开发商合作

从目前来看，与房地产开发商的合作主要有精装修房产项目合作和样板房项目合作两种方式，第二种合作方式更为常见。

4.2.2.1　精装修房产项目合作

目前，带有智能化功能的精装房成为高档住宅小区的一种时尚，智能家居利用这个契机能更快、更深入地走进家庭。这类装修通常选用最常见的智能灯控、窗帘等模块，在装修时就做好了布线。

4.2.2.2　样板房项目合作

在精装修交房中，智能家居不一定能满足购买者的个性化需求，选择在样板房中展示智能家居，在装修设计上就可能多地加入智能模块甚至实现全屋智能，楼盘装修效果好，不仅有着美的整体视觉效果，还能提高消费者的购买欲。

4.2.3　智能家居体验店

智能家居体验店多以传统家电厂商为主，如智能门锁、电视等厂商。传统家电厂商主要以提供单品家电为主，以单品家电带动智能家居平台的建设，提高用户的黏性。它们的优势在于硬件，考虑到家电是生活中不可或缺的产品，传统家电厂商以单品家电为切入点，通过在单品家电上实现智能化操作来吸引用户。因此，对于传统家电厂商而言，想要在智能家居领域有所突破，关键点在于推动更多用户购买产品。这就要求家电厂商提供真正智能的、兼容性好的单品。

4.2.4　跟装修公司合作

与普通装修相比，智能家居安装更加注重综合布线技术、网络通信技术、安全防范技术、自动控制技术、音视频技术及有关的设备集成应用。而综合布线更

是其中最重要的一个环节，这关系到智能家居各个模块是否能安全稳定地运行，以及后续维护的便利性。部分智能家电供货商采取了和装修公司合作，并为装修公司提供相关的培训。这样，智能家居控制系统的安装能够与装修过程搭配起来，两者可以做到很好地衔接。

4.3 5G网络助力智能家居真正落地

5G 网络将满足人们对超高流量密度、超高连接密度以及超高移动性的需求，能够为用户提供高清视频、虚拟现实、增强现实、云桌面以及在线游戏、智能家居等极致业务体验。移动通信技术在很大程度上决定了智能家居的智能化程度可以达到的极限高度，5G 通信最首要的优势即是"快"。同时，5G 网络具有更低的的时延，这对于需要多种不同设备进行互连的智能家居来说，意义重大，它可以让更多家用设备的快速、稳定接入成为可能。

4.3.1 无线网络的变迁

通信的种类按传输媒质可以分为导线、电缆、光缆、波导、纳米材料等形式的有线通信与不依赖任何传输介质的无线通信。随着技术的发展，移动无线通信技术也在不断地更新换代。4G 通信中的"G"指的是 Generation，也就是"代"的意思，所以 1G 就是第一代移动通信系统，2G、3G、4G、5G 就分别指第二、第三、第四、第五代移动通信系统，1G~5G 的定义主要是从速率、业务类型、传输时延及各种切换成功率的角度给出具体实现的不同技术。

每一代移动通信系统的特点如图 4-4 所示。

4.3.2 5G 网络的建设进度

工业和信息化部发布的《信息通信行业发展规划（2016—2020 年）》明确提出 2020 年启动 5G 商用服务。根据工业和信息化部等部门提出的 5G 推进工作部署以及三大电信运营商的 5G 商用计划，我国于 2017 年展开 5G 网络第二阶段测试，

2018 年进行大规模试验组网，并在此基础上于 2019 年启动 5G 网络建设。国内三家移动通信运营商的 5G 网络建设进度如图 4-5 所示。

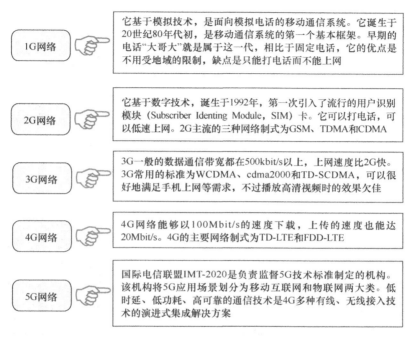

图4-4 每一代移动通信系统的特点

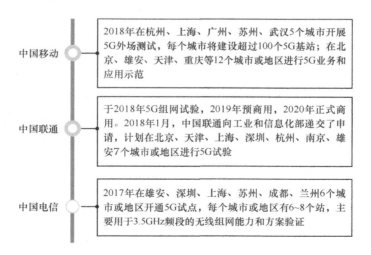

图4-5 国内三家移动通信运营商的5G网络建设进度

2019 年 10 月 31 日，在中国国际通信展览会开幕论坛同时举办了 5G 正式商用启动仪式，标志着我国 5G 商用进入新征程。

4.3.3　5G 网络对智能家居的影响

4.3.3.1　真正实现万物互联

5G 网络最大的优点就是能够灵活地支持不同的设备。除了支持手机和平板电脑外，5G 网络还支持可佩戴式设备，如健身跟踪器和智能手表、智能家庭设备（如鸟巢式室内恒温器）等。

4.3.3.2　提升用户体验

与 4G 峰值速率 100 Mbit/s 相比，5G 的理论峰值速率将达 20Gbit/s，这对于视"互联互通"为突破口的智能家居来说，将会产生深刻地影响。智能家居中的智能家电、家庭安防的数据传输都需要稳定、灵敏的通信网络，目前，所有的智能家居设备都在低功率下运行，并且通过不同的方式相互交换信息，这样一来就增加了设备传输间的延时问题，影响了整个智能家居生活的体验，特别是在家庭影音和视频通话质量方面尤为明显。另外，5G 的超高速传输有助于信息的检测和管理，能使设备之间的"感知"更加精确，有利于提高整个智能家居控制系统的智能化程度。

对于 5G 来说，其能发挥的领域包括整个物联网，智能家居只是物联网中的一部分。届时，移动通信网络将会覆盖各种设施以及海量的物联网设备，能满足工业、医疗、交通、家居等垂直行业的信息化服务需要，此外，5G 还将大幅改善网络建设运营的能耗与成本效率，全面提升服务创新能力来拓展移动通信的产业空间。5G 时代的到来将带领多个产业快速发展，而不局限于智能家居一个行业。

4.3.3.3　家庭安防发展的新契机

家用监控市场逐步繁荣，安防产品在保护家庭安全、预防犯罪方面起到了不可低估的作用，家庭安防市场有着巨大的潜在需求。随着 5G 网络的渐渐成熟，单位流量内的资费费率也会逐步下降，困扰家庭安防、智能家居等一些信号、应用推广的问题会迎刃而解。

4.4 用户如何规划设计智能家居

4.4.1 规划设计原则

4.4.1.1 个性化定制

智能家居最大的特点就是个性化定制，常见的几大功能模块不是每个模块都是必需的，通常根据房屋的格局、面积大小、家庭经济条件及家庭成员的喜好来选择配置。在配置的过程中，还要考虑到智能小区在家居智能化方面的影响力和全面规划作用，因为智能家居要和智能小区的智能化系统相连，所以住户在选择安装这些系统时也应充分考虑目前小区的应用现状和对应的系统特点，如网络接入系统使用哪个网络服务商、消防报警、远程抄表、小区物业管理、小区的医疗服务条件以及防盗报警等。在智能家居的设计和布署时，我们可以将以上系统的功能列入。当智能小区有了这些子系统和完善的服务时，我们只要通过标准的接口，使用专用的终端操作就可以实现相关功能，比如目前部分小区业主家里已经实现了一键呼叫物业。而其他部分，包括家居布线系统、智能家居控制器、家庭照明系统、家庭安防报警系统、电器自动启动系统、家庭娱乐系统、整体厨卫设备都将是个性化定制的系统。

4.4.1.2 按需设置

在进行智能家居设计前，我们先要弄清家庭成员的喜好、风格，并注意结合住宅的实际情况和家庭在智能化方面的资金预算情况。家庭智能化也是一个过程，不可能一步到位，应根据自己的情况系统设计，分步骤地选择安装。

由于智能家居涉及多个行业领域，普通用户不可能都非常了解这些领域的专业知识，除了少数具有这方面专业知识的用户能够自己从协议、软件、系统设计等全方位角度来动手实现智能家居外，大部分用户都是根据成品的模块化部件来组装，比如窗帘自动控制系统的购买、照明系统的选择。这种情况与过去到电脑城选购配件自行组装计算机类似，因此多数用户的智能家居实现通常是按照总体

规划设计的要求，选择合适的模块化部件进行集成的。

4.4.2　设计步骤

智能家居控制系统的设计步骤如图 4-6 所示。

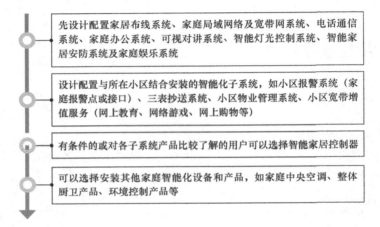

先设计配置家居布线系统、家庭局域网络及宽带网系统、电话通信系统、家庭办公系统、可视对讲系统、智能灯光控制系统、智能家居安防系统及家庭娱乐系统

设计配置与所在小区结合安装的智能化子系统，如小区报警系统（家庭报警点或接口）、三表抄送系统、小区物业管理系统、小区宽带增值服务（网上教育、网络游戏、网上购物等）

有条件的或对各子系统产品比较了解的用户可以选择智能家居控制器

可以选择安装其他家庭智能化设备和产品，如家庭中央空调、整体厨卫产品、环境控制产品等

图4-6　智能家居控制系统的设计步骤

4.4.3　选择智能家居产品的注意事项

在选择智能家居产品时，我们要考虑如图 4-7 所示的几个方面。

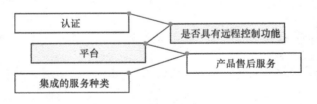

认证

是否具有远程控制功能

平台

产品售后服务

集成的服务种类

图4-7　选择智能家居产品的关注点

4.4.3.1　认证

我们在选择产品时主要看产品的质量与外观工艺。智能家居产品除了能够带来智能的享受，其实好的外观工艺还可以带来美的视觉享受。我们在购买家电产品时，不仅要看是否通过 3C 认证（中国强制性产品认证），还要参考质检报告，

例如智能锁，国内目前有《GA374—2001 电子防盗锁标准》《GA701—2007 指纹防盗锁通用技术条件》和《JG/T394—2012 建筑智能锁通用技术条件》3 种检测标准。

4.4.3.2 是否具有远程控制功能

远程控制是指对于通过遥控器、定时控制器、集中控制器的本地控制来讲，用手机或计算机等设备通过网络实现远程距离控制的一种控制方式。以便在远离家的地方都可以开关家里的家用电器、门窗等。

4.4.3.3 产品售后服务

对于每个商家来说，产品的售后服务是企业发展的重要因素。消费者在购买大件消费品时都会注重售后服务。尤其是在购买智能家居产品时，这就显得更为重要了。目前，智能家居市场在国内还有待规范，每个厂商的售后服务情况也各不相同，如果没有完善的售后体系支撑，智能家居产品就是"空中楼阁"。

4.4.3.4 集成的服务种类

亚马逊公布的一项数字显示，智能音箱 Alexa 目前已经拥有超过 25000 项技能，可以通过 Uber 叫车、查询酒店价格等，这些技能的背后就是各行业的服务提供商在支撑。我国的智能音箱也在朝着这个方向发展，但集成第三方服务还处于起步阶段。未来，更多的智能家电类产品都会将服务纳入其中，如视频监控拍摄到家中老人摔倒，系统在通知子女的同时，也通知社区医院；智能冰箱在检测到某常用食品短缺后能直接通过显示屏连接到附近超市或网上购物页面，购买该食品。

 他山之石

某地产公司的智能家居应用实例

某地产公司在位于某省会城市的楼盘中展示了从门禁、可视对讲、紧急事件救援、照明控制和车辆管理等方面建立起的全方位的智能家居环境和智能小区环境。

1."一卡通"门禁系统

通过一卡、一库、一岗，实现各种系统之间的整合。为了实现新社区

时代的"无匙化"，该小区采用"一卡通"门禁管理大堂入口、电梯、入户门等，替代简单的门锁工具。这是一种更快捷方便、安全可靠、高效率、高档次的现代化管理方式。

2. 全方位的社区安防系统

社区安防系统包括在小区内设闭路电视监控，设周界安防和报警系统以及电子巡更，住宅一层、二层及顶层、次顶层的外窗设红外幕帘，楼内主要入口设置电视监控。

3. 照明一键掌控

卧室配备双控开关，业主在门口和床头都能随心控制开关灯，晚间休息时抬手就可关灯，省去了起床关灯的烦恼。

4. 车辆管理，科学安全的停车环境

先进的车辆自动管理系统是通过智能摄像识别车辆信息，实现对车辆进出、停放、记录的有效、科学、安全管理的多媒体综合管理，力求为业主营造安全、舒适的停车环境。

5. 可视对讲，看得到的放心

该地产公司为每户家庭安装了可视对讲系统，该系统增添一键求助功能，抗干扰能力强，有效提升居家安全性和便利性，通过构建高效的一体化管理体系，打造无忧社区。

6. 空气净化系统

新风除霾系统是一套独立的空气处理系统，PM2.5一次过滤效果高达99.7%。

7. 智能调整室温

室内均采用地暖，地表温度均匀，室温由下而上逐渐递减，给人脚暖头凉的舒适感，并装有调节开关，可自主调节室内的温度。力求为业主打造优质、最人性化的舒居体验。

4.4.4　几款实用的智能家居产品

在智能家电产品中，部分智能产品难以归类于哪个模块，但却极具实用性。这些产品包括智能插座、智能门锁和智能家居套件等。

4.4.4.1　智能插座

智能插座具有电量统计、Wi-Fi增强等功能，能够使用手机 App 进行远程开关、查询插座状态及定时开关，实现节约用电、增强用电安全的目的。部分智能插座还内设防雷电、防高压、防过载、防漏电以及感应等功能，超过设定的电压范围会自动断电。

智能插座的主要功能是节能环保，根据各自的侧重点和设计的不同，可大致分为如图4-8所示的3种。

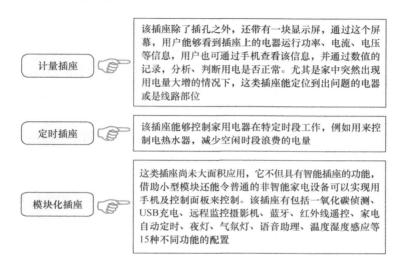

计量插座 👉 该插座除了插孔之外，还带有一块显示屏，通过这个屏幕，用户能够看到插座上的电器运行功率、电流、电压等信息，用户也可通过手机查看该信息，并通过数值的记录，分析、判断用电是否正常。尤其是家中突然出现用电量大增的情况下，这类插座能定位到出问题的电器或是线路部位

定时插座 👉 该插座能够控制家用电器在特定时段工作，例如用来控制电热水器，减少空闲时段浪费的电量

模块化插座 👉 这类插座尚未大面积应用，它不但具有智能插座的功能，借助小型模块还能令普通的非智能家电设备可以实现用手机及控制面板来控制。该插座有包括一氧化碳侦测、USB充电、远程监控摄影机、蓝牙、红外线遥控、家电自动定时、夜灯、气氛灯、语音助理、温度湿度感应等15种不同功能的配置

图4-8 智能插座的种类

4.4.4.2 智能门锁

调研数据显示：2016年智能门锁异军突起，市场规模为350万套；2017年市场规模已经超过700万套。到了2020年，智能门锁的规模达6000万套，整体销售额可达660亿元。目前的智能门锁大多集指纹、密码、感应等多种功能于一身，也有单纯仅有密码功能的电子密码锁。下面我们介绍几个典型的智能门锁。

（1）密码锁

该密码锁是通过在电子显示屏上输入相应的数字密码来控制电路或芯片工作的（访问控制系统），从而控制机械开关闭合。这类门锁操作简单、无须携带任何东西，只要用户记住密码即可。目前，市面上的电子密码锁通常采用12位按键6位密码的方式，键盘可分为触屏按键和物理按键两种。

（2）感应锁

感应锁分为接触式的磁条卡和IC卡（类似于银行卡，需要插入读卡器）、非接触式的TM卡和射频卡，这类锁是目前最常用到的一类智能门锁。感应锁常见

于写字楼、小区门禁、公寓和酒店宾馆，一般家庭装感应锁的比较少。感应锁常用于酒店等需要管理的场合，所以感应锁通常搭配一个管理系统，而一个感应锁或者感应锁系统包括前台管理电脑、感应卡、读卡器、门锁、控制器。现在流行的感应锁多以 IC 卡为主，IC 卡可以被加密且很难被复制，安全性高。这类锁的缺点是如果卡片被盗窃而未及时做出处理，那么盗窃者就可以直接用卡开门，因此，该类门锁成为了智能门锁中入门级别的选择之一。

（3）生物特征及网络控制智能锁

该智能锁是利用指纹、虹膜、人脸、声纹、静脉等人体生物识别的锁，可利用手机 App 和网络遥控开锁，是如今智能门锁中科技含量最高的一类门锁，它可以分为光学指纹锁和半导体指纹锁两种，其中光学指纹锁靠指纹图像来读取识别，而半导体指纹锁主要靠电容感应来识别指纹。相对来说，后者比前者更精准快速、安全可靠，同时也可以避免家中老人、小孩指纹不易识别的问题。遥控锁主要利用无线通信技术和物联网技术，通过无线网络、蓝牙等无线通信信号实现门锁与手机或遥控器的连接，最常见的就是通过手机蓝牙、App、Wi-Fi 和门禁对讲系统解锁。

智能门锁与传统机械门锁最大的区别：一方面智能门锁需要电池供电，用户需要在电池耗尽之前更换，否则可能会导致突然无法开门；另一方面是当有人企图闯进家门时，智能门锁会向用户的手机发送警告信息。

相关知识

安防才是智能家居的最大刚需，智能门锁或成入口

1. 智能家居的最大刚需是"智能安防"，而非"智能家电"

智能安防在智能家居的权重越来越大，智能安防设备如门禁、智能门锁、摄像头等均可与互联网大数据、云服务等相连接，实现功能产品向智能产品的升级。智能安防在智能家居阵营中的潜力巨大，其优势体现在以下两个方面。

① 海量的家庭用户：安全是每个家庭最原始的基本需要，不管是在城市还是在农村。近年来，高档住宅的智能安防系统已成为开发商销售楼盘的主打卖点之一。

② 高频的使用黏性：人们往往不会轻易更换门锁等安防设备，使用周期可达 5 至 8 年之久。出于对家人人身和财产安全的关切，用户对智能安防设备的安全级别以及联网信息保持敏感。

2. 智能门锁成为智能家居的"入口"

智能门锁不同于机械锁,它是通过感应卡、数字密码、指纹来开锁。指纹作为人独特的生物密码被广泛运用在锁上,使开门变得像用指纹打开手机屏幕一样方便,极大地提升了安全级别和便捷程度。

人们出门不必再反复检查是否带钥匙。外出时,用户可通过安装在手机中的App查看家中的情况,还能在App上管理多把智能门锁的指纹密码;出租房屋可以自动添加或者清除租客指纹而不必换锁芯;特别是家人的指纹都可以存储在"私有云"上。

与其他众多智能家居硬件相比,智能门锁的实质是"互联网之锁",并被视为家庭互联网的入口。

3. 家用智能门锁产业爆发还需要攻克三大难关

智能门锁这一智能硬件在产品技术、供应链、渠道销售、售后服务等方面仍存在巨大挑战,最终能否走向千家万户还需攻克品控、渠道、服务三大难关。

(1)品控关

智能门锁比普通机械锁的生产工艺和技术更加复杂,产业链中的锁具工厂方、云服务方、指纹算法技术、App程序开发、通信协议、电池等因素都会影响智能门锁的性能品质。

智能门锁作为光机电一体化产品,须有3年以上的工艺制造经验才可以确保模具和配件的稳定性和精密度;也只有实现规模量产才能降低智能门锁的边际成本,改变目前智能门锁价格居高不下的现状。智能门锁对指纹算法精度要求极高,在达到高精度算法的同时提升开锁速度是指纹开锁的关键。由于指纹的保存、识别、更新都依赖于"云服务","云"端成为智能锁实现远程开锁、假锁报警、消息推送、消息记录查询等智能功能的枢纽,因而对云服务供应商的选择也尤为重要。

(2)渠道关

目前,大多数智能门锁都选择了网上商城众筹或直销的销售形式,这种纯电商模式忽视了传统渠道的价值。要想在短时间内实现智能门锁的快速普及,应大力整合线下已成熟的经销商渠道资源。在市场开拓的初期阶段,大多数消费者对智能门锁仍然陌生,安装智能门锁是家庭的理性决策,一味线上推广、硬广促销模式恐怕很难奏效。智能门锁开设直营体验店,或与家居建材、五金店、门店展

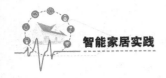

示店等渠道合作，以现场体验带动销售则更接地气。

（3）服务关

在不同地域环境中，智能门锁的防火、防寒、防雨等会有不同标准；智能门锁进户装锁的条件各异，比如防盗门的厚度不同所需匹配也不一样，安装或检修智能门锁均需专业的售后人员上门服务。

从长远来看，智能门锁市场竞争的王牌将取决于产品供应链质量和线下服务体系，谁的根基越牢固，就越能获得品牌溢价和家庭用户的信任；再延伸至其他智能家居领域时，就拥有更强的势能。智能门锁能否成为智能家居的突破口，担负起打通家庭物联网的重任，还有待于市场的检验。

4.4.4.3 家庭网关

家庭智能网关是家居智能化的心脏，通过它实现系统信息的采集、信息输入、信息输出、集中控制、远程控制、联动控制等功能。它最重要的一项功能是无线传输技术的转换，在无线智能家居产品中，有的使用 Wi-Fi、有的使用 ZigBee、有的使用蓝牙，要使这些产品之间能够互相通信，就需要有一个中间设备来转发它们发出的指令，这正是家庭智能网关能够胜任的。家庭网关诞生之前，想要实现智能家居控制就需要布线，这是一项大工程，而且价格高昂。而家庭网关因价格便宜，操作简单到只需要插上电，再经过在手机上简单的设定就可以控制智能家电。目前，市场上的家庭网关常常与其他如智能插座、智能灯、传感器、摄像头等一起组成套装售卖，以实现某个家居模块的智能化控制。家庭网关的体系结构如图 4-9 所示。

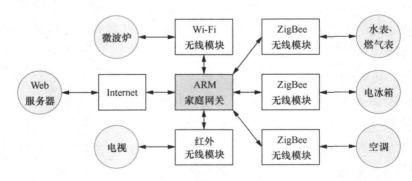

图4-9 家庭网关的体系结构

第5章

智能家居控制系统的建设

　　智能家居控制系统是利用先进的计算机技术、网络通信技术、综合布线技术、医疗电子技术依照人体工程学原理，融合个性需求，将与家居生活有关的各个子系统如安防、灯光控制、窗帘控制、煤气阀控制、信息家电、场景联动、地板采暖、健康保健、卫生防疫、安防保安等有机地结合在一起，通过网络化综合智能控制和管理，实现"以人为本"的全新家居生活体验。

5.1　智能家居控制系统的概述

5.1.1　何谓智能家居控制系统

　　智能家居控制系统（Smarthome Control Systems，SCS）是以智能家居系统为平台，家居电器及家电设备为主要控制对象，利用综合布线技术、网络通信技术、安全防范技术、自动控制技术、音视频技术将家居生活有关的设施进行高效集成，构建高效的住宅设施与家庭日程事务的控制管理系统。智能家居控制系统是智能家居的核心，是智能家居控制功能实现的基础。智能家居控制系统能控制的对象示意如图 5-1 所示。

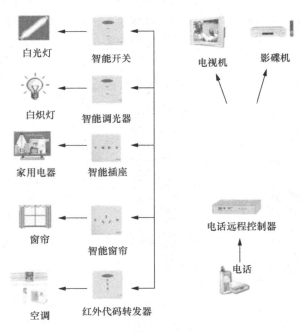

图5-1　智能家居控制系统能控制的对象示意

智能家居控制系统的总体目标是通过采用计算机技术、网络技术、控制技术和集成技术建立一个由家庭到小区乃至整个城市的综合信息服务和管理系统，以此来提升住宅高新技术的含量和居民居住环境水平。

大型的智能家居控制系统通常由系统服务器、家庭控制器（各种模块）、各种路由器、电缆调制解调器头端设备（Cable Modem Terminal System，CMTS）、交换机、通信器、控制器、无线收发器、各种探测器、各种传感器、各种执行机构、打印机等主要部分组成，具体如图5-2所示。

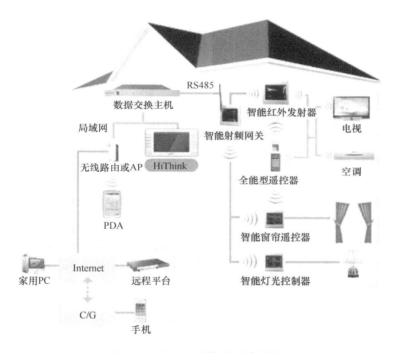

图5-2 智能家居控制系统结构

5.1.2 智能家居控制系统在国外的发展情况

1984 年，世界上第一幢智能建筑在美国康涅狄格州落成，采用计算机系统对大楼的空调、电梯、照明等设备进行监控，并提供语音通信、电子邮件、情报资料等方面的信息服务。2003 年，网络化家居的建设带来了高达 4500 亿美元的市场价值，这其中有 3700 亿美元是智能家电硬件产品的价值，剩余的部分则是软件和技术支持服务的费用。

近年来，以美国微软公司为首的一批国外企业，先后对智能家居产品进行研发，例如，微软公司开发的"梦幻之家"、IBM 公司开发的"家庭主任"等均已日趋成稳。此外，日本、韩国、新加坡等国家的龙头企业纷纷致力于家居智能化的开发，对家居市场更是跃跃欲试。

目前，市场上出现的智能家居控制系统主要有以下 3 种。

5.1.2.1　X10系统（美国）

X10 系统是皮可电子公司在 1976 年以不需重新架设新线路为前提，利用已有的电力线路来控制家中的电子电器产品所研发的，也是最早流行于美国的智能家庭网络系统。X10 也是一种家庭自动化控制规格的名称。作为一种控制规格，组成 X10 系统的主要器件是发送器和接收器，它们都有各自的编码，其编码有房间编码和设备编码两种。房间编码和设备编码均为 1 ～ 16，因而一个 X10 网络上最多可容纳 256 个设备。发送器和接收器的控制关系是由其编码决定的，当发送器 A 的编码与接收器 B 的编码相同时，发送器 A 就能够控制接收器 B；而当发送器 A 和接收器 B 两者中的某一个的编码改变后，它们之间的控制关系也就随之消失。

X10 是通过电线，采取集中控制方式使用的多种控制功能，以 120 kHz 的脉冲传送数字信号，广泛应用于智能家居的安防监控、电器控制等方面，不需要额外布线，是全球第一个利用电线来控制灯饰及电子电器的产品，这类设备在美国市场上比较常见，自问世以来，美国很多家庭一直使用至今。我国在 2000 年左右将其引入并开始推广。

5.1.2.2　EIB系统（德国）

EIB 系统采用预埋总线及中央控制的方式实现控制功能。但由于其工程要求复杂严苛，并且价格较高，因此一直无法打开国内市场。

5.1.2.3　8X系统（新加坡）

8X 系统采用预处理总线跟集中控制的方式来实现控制功能。目前，8X 系统较为成熟，比较适合我国国情。但是由于其系统架构、灵活性及产品价格等方面还难以达到要求，所以目前在国内还较少应用。

5.1.3 智能家居控制系统在国内的发展情况

5.1.3.1 e家庭（海尔）

该系列产品以海尔电脑作为控制中心，各种网络家电作为终端设备，海尔移动电话作为移动数字控制中心。海尔在技术上同微软合作，利用微软的WindowsMe 技术和海尔的网络家电技术，并推出了一系列 e 家庭的产品。

5.1.3.2 e-home数字家园（清华同方）

该智能家居控制系统是专门针对我国家庭所设计的，遵循国际技术标准，采用嵌入式软、硬件技术，提供网络、网络节点及末端设备。该产品以功能模块开发为主，基于国外成熟的智能家居标准之上。该智能家居控制系统主要有以下 3 个部分。

A系列：遵循EIB协议的家庭控制产品，适用于中高档住宅区。

B系列：遵循X10协议的家庭控制产品，适用于中档住宅区。

易家三代：配电箱集中安装家庭控制产品。

国内各大软、硬件厂家正在积极地研制、开发更符合市场的智能化家居设备，以解决当前智能化产品实用性差、使用复杂及产品价格昂贵等缺点，而技术创新性也逐步向国际先进水平靠拢。

5.2 智能家居控制系统的分类

智能家居控制系统的模块及功能如图 5-3 所示。智能家居产品依据信息处理平台可分为宽带智能家居、家庭网关、机顶盒三类产品。机顶盒等设备多采用嵌入式操作系统，不支持大容量硬盘，升级能力差。以家庭网关为基础的智能家居控制系统兼容性好、扩展性强，技术上支持 IEEE 802.11 无线技术、Wi-Fi 技术、HomeRF 技术，但不兼容非智能家电。配有智能家居控制器的宽带智能家居产品符合国情，市场巨大，适合 DIY（自己动手做）智能家居，是将来市场发展的主流产品。

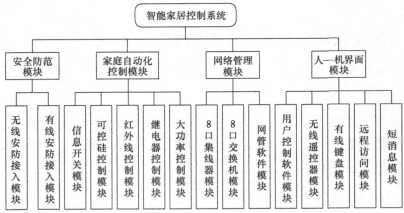

图5-3　智能家居控制系统的模块及功能框

5.2.1　基于宽带的智能家居

智能家居控制系统是对住宅内所有相互关联、相互作用的智能设备的总称，包括家庭自动化控制器、人—机界面、网络管理、安全防范。智能家居控制器是完成家庭内各种数据采集、控制及通信传输的设备，一般具有设备监控、信息通信和家庭控制总线接口的功能，是智能家居控制系统的核心。

基于宽带的智能家居组成结构如图 5-4 所示。

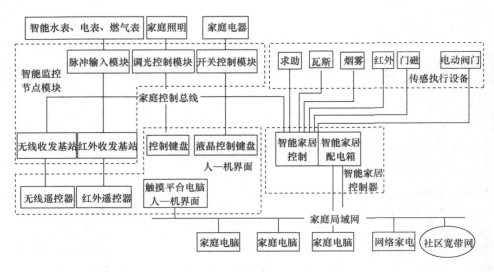

图5-4　基于宽带的智能家居组成结构

一个完整的智能家居控制系统一般应包括以下几个部分。

5.2.1.1 智能家居控制器

智能家居控制器是家庭智能网络的一个重要组成部分，起到核心的管理、控制和与外部网络通信的作用。智能家居是通过家庭管理平台与家居生活有关的各种子系统有机结合的一个系统，也是连接家庭智能内部和外部网络的物理接口，完成家庭内部同外部通信网络之间的数据交换功能，同时还负责控制器管理和控制家庭的电子设备。

由此可知，智能家居控制器一方面需要为家庭内部布线提供通信接口，能够采集和处理家庭设备的信息，自动控制和调节设备；另一方面，智能家居控制器作为家庭网关，也为外部提供网络接口，连通家庭内部网络和外部 Internet，使用户可以访问家庭内部网络，实现监视和控制家中的设备运行状态。此外，智能家居控制器还应当具有自动报警等功能。

智能家居控制器应具有的功能要求见表 5–1。

表5–1 智能家居控制器的功能要求

序号	类别	功能要求
1	安全防范功能	① 内置多防区报警主机，可以方便地接入各种安防传感器； ② 具有通过小区宽带网联网报警、现场声光报警和人—机界面联动报警等多种报警方式； ③ 可以通过现场人—机界面密码、无线遥控、远程网络遥控等多种方式进行布防和撤防
2	设备监控功能	① 智能家居控制器应具备家庭总线接口，通过总线上的各种应用监控节点模块的挂接实现家庭自动化功能； ② 智能家居控制器具备家庭设备监控接口，其脉冲接口可以适用所有脉冲计量表； ③ 智能家居控制器可具备各种输入、输出端口，实现对家庭各种设备状态信息的直接采集和开关控制
3	信息通信功能	① 智能家居控制器应能方便地接入社区宽带IP网络，应充分考虑利用社区现有的网络资源，并且可通过社区数据网络与社区监控中心和外界相通，实现数据的传输和通信； ② 智能家居控制器作为智能家居控制系统的信息处理中心，应能成为家庭监控节点、人—机界面的桥梁，实现相互之间的通信与联动； ③ 智能家居控制器应可以接收来自社区管理中心的数据广播或短消息并转发给人—机界面； ④ 宽带智能家居控制器宜具备多口集线器或交换机的功能，通过与家庭配线箱的配合组成家庭局域网，实现家庭内的数据网络的互联互通

智能家居控制器自身宜采用模块化的组合结构，便于根据用户的需要灵活扩充；智能家居控制器的安装箱体尺寸宜统一化和标准化，可参照国标终端组合电器箱体系列的尺寸执行。

5.2.1.2　人—机界面

人—机界面是指智能家居设备与使用者之间用于信息交流的工具的总称，包括各种硬件和软件的表现形式。

（1）有线键盘人—机界面

有线键盘人—机界面通过家庭控制总线与智能家居控制器相连或直接嵌入在智能家居控制器中，总线方式下应能串接多个有线键盘，以方便大户型用户使用。有线健盘人—机界面一般可包括带液晶屏的和不带液晶屏的两种，具体功能如下：

① 大屏幕液晶显示，全中文菜单操作；

② 可实现安防系统布撤防与传感执行设备状态查询；

③ 采用事先编制好的程序和模式实现电器设备的控制；

④ 可查询脉冲远传水电燃气表状态；

⑤ 显示来自智能家居控制器转发的社区广播提示或短消息；

⑥ 可进行系统参数的设置。

（2）无线遥控器人—机界面

功能同有线键盘人—机界面。

（3）红外遥控器人—机界面

功能同有线键盘人—机界面。

（4）家庭控制软件

家庭控制软件安于用户家用电脑中或触摸式平板电脑中，后者是目前国内、外采用较多的较高档的人—机界面，价格比较昂贵。家庭控制软件一般采用家庭局域网与智能家居控制器相连，是系统的软件人—机界面，宜采用全中文可视化的界面方式，并具备如下基本功能。

① 通过组态功能，可对智能家居控制系统中的房间、房间中的可控电器与设备、硬件、人—机界面等进行添加、修改、删除等操作，并把这些数据同步到智能家居控制器中。

② 可实现对家庭电器的开关控制、调光控制、状态查询，并能启动、控制各种场景模式。

安装方式一般可以采用以下3种。

① 挂接在家庭控制总线上，并采用标准的电工盒安装方式，该方式便于系统

扩展和可满足大户型用户的需求。

② 直接安装在智能家居控制器的前面板上。

③ 对于无线或红外的人—机界面，其结构不限，以符合人—机工程学为宜。

5.2.1.3 智能监控节点

家庭智能监控节点是指在家庭控制总线上实现数据输入、输出、通信和控制各种模块。

所有智能家居控制系统的节点控制模块通过 RS485 家庭控制总线，并遵循统一的家庭控制网络通信协议，与系统信息控制中心相连，实现系统数据的通信。一条总线上可以挂接 256 个模块，从而实现家庭自动化控制的各种功能，模块类型有以下 4 种，具体如图 5-5 所示。

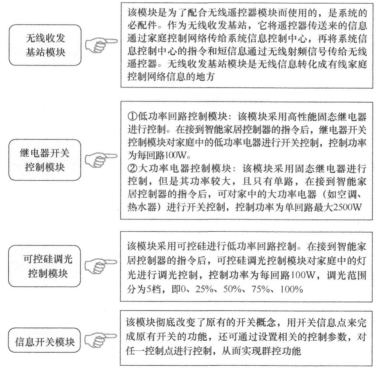

无线收发基站模块	该模块是为了配合无线遥控器模块而使用的，是系统的必配件。作为无线收发基站，它将遥控器传送来的信息通过家庭控制网络传给系统信息控制中心，再将系统信息控制中心的指令和短信息通过无线射频信号传给无线遥控器。无线收发基站模块是无线信息转化成有线家庭控制网络信息的地方
继电器开关控制模块	①低功率回路控制模块：该模块采用高性能固态继电器进行控制。在接到智能家居控制器的指令后，继电器开关控制模块对家庭中的低功率电器进行开关控制，控制功率为每回路100W。 ②大功率电器控制模块：该模块采用固态继电器进行控制，但其功率较大，且只有单路，在接到智能家居控制器的指令后，可对家中的大功率电器（如空调、热水器）进行开关控制，控制功率为单回路最大2500W
可控硅调光控制模块	该模块采用可控硅进行低功率回路控制。在接到智能家居控制器的指令后，可控硅调光控制模块对家庭中的灯光进行调光控制，控制功率为每回路100W，调光范围分为5档，即0、25%、50%、75%、100%
信息开关模块	该模块彻底改变了原有的开关概念，用开关信息点来完成原有开关的功能，还可通过设置相关的控制参数，对任一控制点进行控制，从而实现群控功能

图5-5 模块类型

除此之外，未来的监控节点模块还可以包括家庭环境检测模块、住户健康检测模块等。

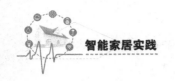

5.2.1.4　传感器与执行设备

传感器分为两种，一种用于安全防范，另一种用于环境监测。执行设备也分为两种，一种用于安全防范报警联动输出，另一种用于对家庭电器设备的控制。

在智能家居控制系统中，传感器的形态除了我们熟悉的门磁、窗磁、人体红外传感器、水浸传感器、压力传感器等单体产品之外，更多智能家电与产品中的传感器功能则是以传感器模组的形式出现。

传感器模组除了传感器件之外还集成了信号处理单元，这样根据不同的要求，可以直接输出需要的数据信号。

相关知识

传感器模组如何与产品器件结合

传感器模组究竟是用什么样的方式与产品器件结合，从而成为智能家居和智能家居产品中的一部分呢？我们以麦乐克的智能气体传感器模组为例为大家分析介绍。

家居环境中的气体检测应用，主要分布于智能硬件单品和智能家电设备当中。针对不同的产品设备，进行不同的传感器集成，如在智能硬件单品中，传感器厂商将智能气体传感器模组提供给硬件设备商，由气体传感器模块检测环境中二氧化碳、甲醛等气体的浓度，从而知晓环境中的空气质量。

如果只提升原有家电设备的智能性，我们可以在这些产品中集成麦乐克气体传感器模块，比如在冰箱中集成气味传感器模块以保障食物的新鲜度，在净化器中集成甲醛或空气质量模块，控制净化器的开关及净化能力。

除此之外，我们还可在面向一般电工电气企业与智能家居解决方案提供商的墙面面板中可集成气体传感器模组。麦乐克针对于此，开发出智能检测面板，实时检测室内环境。例如，面板上集成甲烷模组和一氧化碳模组，可做成厨房专用面板，用于监测燃气泄漏；面板上集成甲醛模组和二氧化碳模组，可做成儿童房专用面板，用于监测空气质量；面板上还可以集成气味传感器模组，可做成卫生间专用面板，用于控制异味。

5.2.1.5 网络家电

网络家电是指普通家用电器利用数字技术、网络技术及智能控制技术进行设计改进的新型家电产品。网络家电可以实现互联并组成一个家庭内部网络，同时这个家庭网络又可以与外部互联网相连接。由此可见，网络家电技术可以解决两个层面的问题：第一个层面是解决家电之间的互连问题，也就是使不同家电之间能够互相识别，协同工作；第二个层面是解决家电网络与外部网络的通信问题，使家庭中的家电网络真正成为外部网络的延伸。

网络家电到底能在联网的时候做什么呢？与普通家电的功能有何区别呢？我们看看下面的表格就明白了。网络家电的功能见表 5-2。

表5-2 网络家电的功能

家电名称	功能
空调	① 实现远程开关控制； ② 远程设定，包括温度、湿度、多级风速设定； ③ 具有本地机所有功能
冰箱	① 带有14英寸显示器； ② 可以上网，实现网上购物及下载菜谱； ③ 可以远程查询冰箱所存物品的信息； ④ 设有条形码扫描器，管理所存物品； ⑤ 具有本地机所有功能
洗衣机	① 远程开关控制； ② 洗涤程序下载； ③ 具有本地机所有功能
洗碗机	① 远程开关控制； ② 下载洗涤程序及帮助信息； ③ 具有本地机所有功能； ④ 具有热水器功能； ⑤ 远程实时查询运行状态； ⑥ 可电话遥控； ⑦ 具有故障自行诊断及反馈功能
微波炉	① 遥控烹饪； ② 存储海量菜谱； ③ 管理及维护菜谱； ④ 具有日历及计算器等功能； ⑤ 具有本地机所有功能

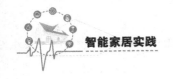

5.2.2 家庭网关

5.2.2.1 数字家庭与家庭网关

数字家庭以各种数字化技术为基础，通过有线、无线等宽带接入方式，为人们提供集成的语音、数据、多媒体、娱乐等应用，并可在家庭环境中共享数字媒体内容。

数字家庭是指以计算机技术和网络技术为基础，各种智能化电子设备通过一定的互连方式为家庭用户提供通信、娱乐、信息及媒体共享、生活应用等业务，使人们足不出户就可以方便快捷地获取信息，从而极大地提高人们的沟通效率，提升生活品质。

数字家庭的基础就是组建一个可管理、可控制的家庭网络。家庭网络为各种电子设备提供了一个物理的通信桥梁，将原来独立的家庭单元紧密地结合在一起，为各种多媒体业务的开展、信息的共享和分发提供了强大的基础保障。

根据家庭用户对综合信息服务的不同需求，数字家庭业务分为下列几种类型，具体如图 5-6 所示。

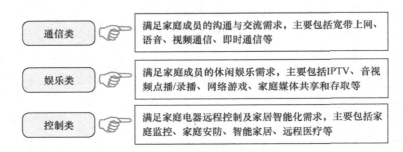

通信类	满足家庭成员的沟通与交流需求，主要包括宽带上网、语音、视频通信、即时通信等
娱乐类	满足家庭成员的休闲娱乐需求，主要包括IPTV、音视频点播/录播、网络游戏、家庭媒体共享和存取等
控制类	满足家庭电器远程控制及家居智能化需求，主要包括家庭监控、家庭安防、智能家居、远程医疗等

图5-6　数字家庭业务的分类

家庭网关是整个家庭网络的主要组成部分，是组建数字家庭不可或缺的核心。家庭网关作为家庭网络物理线路上的核心节点，担负着承上启下的作用：对外连接运营商有线、无线等宽带网络，对内连接各种智能电子终端和家用电器。同时，家庭网关作为家庭网络的控制中心，负责指挥协调各种终端设备，提供各类家庭业务。

在家庭信息化的大舞台上，家庭网关正如乐队的指挥，指挥协同各类终端产品，共同谱写数字家庭新的乐章。

5.2.2.2 引入家庭网关的必要性

家庭网关具有多个物理层接口，有 ADSL Modem 或 CableModem、Bluetooth、IEEE1394 接口，同时在高层协议中包含 TCP/IP、MPEG（Moving Picture Experts Group，活动图像专家组）协议、Bluetooth 协议等。因此，家庭网关应具有较强的数据通信处理能力和较大的存储空间。引入家庭网关的必要性主要可以从以下两点来考虑，具体如图 5-7 所示。

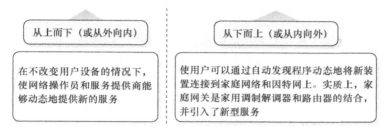

图5-7 引入家庭网关的必要性

5.2.2.3 家庭网关的结构与功能

（1）家庭网关的结构

家庭网关的结构如图 5-8 所示。家庭网关由公共接入网的接口和对多个局域网（Local Area Network，LAN）节点分发数据的接口两大主要部分组成。

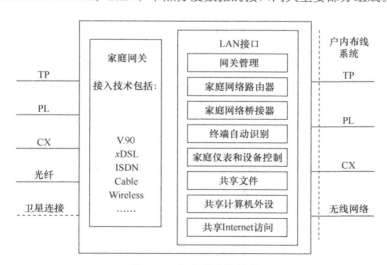

图5-8 家庭网关的结构

（2）家庭网关的功能

LAN接口是家庭网关的重要组成部分，它应具有以下的功能：

① 网关管理，实现家庭网关的配置管理；

② 家庭网络路由器，完成不同传输介质和网络拓扑结构间信号的转换；

③ 家庭网络桥接器，实现不同类型网络（如总线型以太网和令牌环网、有线网络和无线网络）之间的连接；

④ 终端自动识别，实现自动识别连接在家庭网络上的所有装置；

⑤ 家庭仪表和设备控制，实现对各种仪表（如水表、电表、燃气表）信息的获取并能发出适当的指令，对空调和室内外环境进行数据采集并执行相应的操作；

⑥ 共享文件，实现家庭网络内的数据和应用程序的共享；

⑦ 共享计算机外设，实现对计算机外设如打印机、扫描仪等的共享；

⑧ 共享Intenet访问，通过家庭网关的控制，实现家庭内的所有信息终端能同时进行Intenet访问。

（3）家庭网络与社区网络的连接

家庭网关将家庭网络接入社区网络，是家庭网络的出口，家庭网络与社区网络的连接方案如图 5-9 所示。

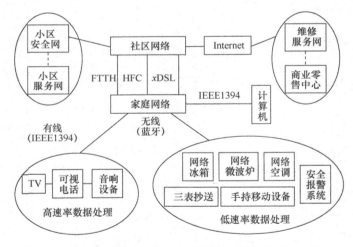

图5-9　家庭网络与社区网络的连接方案

5.2.3 　机顶盒

机顶盒（Set Top Box，STB）又称为数字视频变换盒或机上盒，是一个连接电视机与外部信号源的设备。它可以将压缩的数字信号转成电视内容，并在电视机上显示出来。机顶盒接收的内容除接收模拟电视提供的图像、声音外，还能够接收，包括电子节目指南、因特网网页、字幕等数字内容。用户能在现有的电视机上观看数字电视节目，并可通过网络进行交互式数字化娱乐、教育和商业化活动。

5.3 智能家居控制系统的设计原则

衡量一个智能家居控制系统的设计是否成功，并不是取决于智能化程度的高低、系统是否先进和集成度的高低，而是取决于系统的设计是否经济、便利，能否成功运行，系统的维护成本是否低廉，系统产品技术是否成熟和与人交互是否简单、易用。总的来说，就是能否以最低的成本、最简单的实现方式给人的生活带来便利。

5.3.1 实用、便利

智能家居所要实现最基本的目标是为人们提供一个舒适、安全、高效、便捷的生活环境。对于智能家居产品来说，其核心是以实用为主，去掉那些华而不实、只能作为摆设的功能，产品必须以实用性、易用性和人性化为主。

设计人员应根据用户对智能家居功能的需求来设计智能家居控制系统，我们整合了以下几个最实用的家居控制功能，这些功能包括电动窗帘控制、防盗报警、门禁对讲、煤气泄漏报警、智能家电控制、智能灯光控制等，同时在这些功能基础上还可以拓展诸如三表抄送、视频点播、点歌祝福等服务增值功能。智能家居的控制方式也可以被设计成多种方式，如本地控制、遥控控制、集中控制、手机远程控制、感应控制、网络控制、定时控制等，设计的初衷是方便人们操作，提高效率，但如果操作过程和程序设置过于烦琐，就很容易让用户产生排斥心理。所以在对智能家居设计时一定要充分考虑到用户的体验，注重操作的便利性和直观性，最好能采用图形图像化的控制界面，让操作所见即所得。

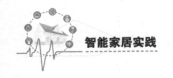
5.3.2 可靠性

整个家居的各个智能化子系统应能 24 小时运转，所以必须高度重视系统的安全性、可靠性和容错能力。对于如电源、系统备份等应采取相应的容错措施，一些重要系统最好备有备份电源，以便能在突发断电的情况下还能保证系统的正常使用。

5.3.3 方便性

智能家庭系统的布线安装一定要简单，这涉及非常多的问题，如成本、可维护性、可扩展性等。在施工时，其可与小区宽带一起布线，这样既简单又容易；同时，设备也要易于操作和维护。最重要的是，其还要能够实现远程检查和维护以及更新系统，以提高响应速度，降低维护成本。

智能家居系统的安装、调试与维护的工作量非常大，需要投入大量的人力和物力，这成为制约行业发展的瓶颈。针对这个问题，相关人员在设计系统时，应考虑安装与维护的方便性，如系统可以通过 Internet 远程调试与维护，允许工程人员远程检查系统的工作状况，诊断系统出现的故障。这样，系统设置与版本更新可以在异地进行，从而大大方便了系统的应用与维护，提升了响应速度，降低了维护成本。

5.3.4 标准性

方案的设计应依照国家和地区的有关标准进行，一定要确保系统的扩展性和扩充性。系统的传输采用标准的 TCP/IP 网络技术，可保证不同系统之间可以兼容与互联。

5.4 智能家居控制系统的体系组成

智能家居控制系统的体系组成与家庭安全防范系统一样，都是以家庭网络为通信基础而与智能家居的其他部分进行交互，但与之相比，智能家居控制系统的结构较为松散。严格来说，如果将家庭安防传感（探测）器作为一种家庭设备，智能家居安防系统实质上就是智能家居控制系统的一个特定功能子系统。但在这里讨论时，智能家居控制系统不包括智能家居安防系统。

5.4.1 智能家居控制系统的体系结构

智能家居控制系统的体系结构如图 5-10 所示。

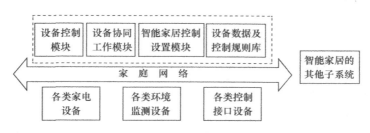

图5-10 智能家居控制系统的体系结构

5.4.2 智能家居控制系统的体系组成部分

5.4.2.1 家电设备

各类家庭电器设备通过与家庭网络的接口发送各类状态信息和接收各类操作指令。

5.4.2.2 环境监测设备

环境监测设备主要用于监测家庭环境情况，如光线、温度、湿度等，并将这些信息发送到控制接口模块中。

5.4.2.3 控制接口设备

这里主要指各类手持设备和控制开关，用户通过它们来发送各类家电设备的控制指令，控制指令对应的控制对象和控制内容通过控制规则库来约定。

5.4.2.4 设备数据及控制规则库

设备数据及控制规则库用于记录设备的状态信息、运行日志及各类控制规则。这些控制规则主要包括各类电器运行的规则和协同工作的各种约定规则、各类场景模式的具体设置以及各类控制接口设备与其相关联的控制操作。通过控制规则库中的约定，住户可以方便地将手持设备和控制开关关联到家庭中的任何一个家电设备上，如通过遥控器和相应的接收模块，住户可以在任一房间控制其他房间的设备。这些信息由专门的数据库系统实现。智能家居控制系统通过数据库系统提供的接口来进行访问。控制规则库的更新由家居控制设置模块完成。

5.4.2.5 智能家居控制设置模块

智能家居控制设置模块主要完成以下两部分的工作。

① 接收家庭网络中各类家居控制的设置请求，根据请求设置接口控制设备的控制规则，即将控制接口设备与其控制家庭电器的设备相关联，设置具体的操作方法，更新相应的控制规则库。例如，通过设置遥控器的开关按钮来关联控制规则，住户可方便、快捷地控制各类家庭设备。

② 提供场景模式设置接口，方便住户设置各类场景模式和设置各类家庭设备的控制逻辑规则，同时根据新加入设备所提供的信息自行更新各项规则。

5.4.2.6 设备协同工作模块

设备协同工作模块主要用于监测家庭内各类家电设备的运行状态，并根据当前家电设备的运行状态和当前场景模式，向设备控制模块发送各类设备的控制命令，协同家电设备之间的工作。

5.4.2.7 设备控制模块

设备控制模块主要用于控制家电设备的运行，并且实现以下功能：根据接收的家庭环境信息和设置的条件，判断是否自动启停家电设备；接收来自家庭网络发送的对各类设备的控制请求（包括本地的和异地的），对这些请求进行分析处理，并进行合法性验证；对以上的合法请求，向相应的家电设备发送控制命令。

当然，关于智能家居控制系统的具体组成，可以说仁者见仁，智者见智，不同的方案供应商的侧重点可能不一样，用户也可以根据自己的实际需求来选择。

某智能家居控制系统的组成

智能家居控制系统主要由以下几部分组成。

1. 智能照明

该控制系统可以对整个居住空间的灯光进行智能控制管理，通过多种智能控制方式实现对居住空间灯光的遥控，具体包括实现开和关、调光、会客、影院等多种一键式灯光场景效果，并可以定时控制、电话远程控制、电脑本地及互联网远程控制等多种控制方式实现，从而达到智能照明的节能、环保、舒适、方便的目的。

2. 智能电器

电器控制采用弱电控制强电的方式，既安全又智能。我们可以用遥控、定时等多种智能控制方式对家中的饮水机、插座、空调、地暖、投影机、新风系统等进行智能控制，避免饮水机在夜晚反复加热影响水质，在外出时断开插排通电，可避免电器发热引起火灾。

3. 智能遮阳

智能遮阳系统通常是由遮阳百叶或者遮阳窗帘、电机及控制系统组成的。控制系统软件是智能遮阳控制系统的一个组成部分，与控制系统硬件配套使用。在智能家居控制系统中，控制系统软件通常属于智能家居控制主机软件的一部分。一个完整的智能遮阳系统能根据周围自然条件的变化，通过系统线路，自动调整帘片的角度或做整体升降，既减少了阳光直射，避免产生眩光，又充分利用了自然光，节约能源。

4. 远程抄表

远程抄表是采用通信、计算机等技术，通过专用设备对各种仪表（如水表、电表、燃气表等）的数据进行自动采集和处理的系统。它一般是通过数据采集器读取仪表的数，然后通过传输控制器将数据传至管理中心，管理中心对数据进行存储、显示、打印。自动抄表主要解决上门入户抄表带来的扰民、数据上报不及时、管理不便等难题。

5. 系统软件

系统软件是指独立于智能家居控制系统产品厂商的第三方软件，第三方软件企业通过与智能家居控制系统产品厂商达成底层协议及应用层面的

合作，开发可控制的主流智能家居控制系统，实现智能灯光控制、智能电器控制、智能温度控制、智能影音控制、智能窗帘控制、智能安防控制、智能遥控控制、智能定时控制、智能网络控制、智能远程控制、智能场景控制等功能。

6. 系统布线

从功能上来看，智能家居布线系统是智能家居控制系统的基础，是其传输的通道。智能家居布线系统也要参照综合布线的标准进行设计，但它的结构相对简单，主要参考标准为家居布线标准。

7. 家庭网络

智能家居控制系统中的家庭网络是一个狭义的概念，是指由家庭内部具备高性能处理和通信能力的设备构成的高速数据网络。家庭网络的常见产品如下：

① 计算机；

② 服务器；

③ 路由器；

④ ADSL Modem；

⑤ 存储设备。

家庭中的通信设备和网络设备及智能家居控制系统，都可以通过家庭网络与外界相连。同时，家庭网络中的服务器和计算机具备较强的运算和图形计算能力，可以协助或者协同视频监控系统、家庭能源管理系统完成更庞大的视频信息处理和数据运算。

8. 远程监控系统

家居远程监控系统是智能家居控制系统的发展方向，也是家庭自动化的一个组成部分。

随着嵌入式技术、电子信息技术、无线网络传输技术和多媒体技术的迅速发展，嵌入式的无线视频监控系统已成为视频监控的发展趋势，整个视频监控市场朝着集成化、网络化、数字化和实时化的方向发展。

在传输系统方面，系统采用传输速度较快的 Wi-Fi 的 Ad-hoc 模式（端对端传输），依靠 TCP/IP 的传输方式使采集端与家庭网关之间建立连接，成功实现家庭网关接收各个分散采集点的视频信息，以使视频监控系统可以让用户通过主机（终端→计算机或手机）远程实时浏览视频，也可通过手机彩信的形式接收视频信息。

他山之石

某别墅的智能家居控制系统的组成

智能家居控制系统一般由智能灯光控制系统、智能家电控制系统、智能监控系统、智能安全报警系统、访问控制系统和智能家居网关子系统组成。

1. 智能灯光控制系统

智能灯光控制系统可以智能化控制与管理整个住宅的灯光。室内照明设备除了荧光灯外都可以做亮度调节,所以智能灯光系统的一个重要功能就是感知光强度,自动调节光亮度,给人眼以最舒适的光照,并同时达到节能的效果。智能灯光还可以根据需求设置不同的灯光模式,如会客模式、影院模式等。人们可以通过遥控器、手机或 iPad 实现对灯光的一体化控制。智能灯光控制系统有许多优点,如控制方便、安全性高、灵活性强,并且可根据需求修改灯光效果。

2. 智能家电控制系统

家用电器主要指热水器、空调、电视机、插座、地暖、投影机以及家庭影院等设备。智能家电控制系统是由智能电器控制面板组成的,可以与室内各电器设备对接,实现相应的功能。智能家电控制系统也可以实现家电与互联网、手机和一切可以上网的设备的点对点连接,还可以实现远程控制。智能家电控制系统相比传统家电的优点是可以实现就地控制、远程控制,并且能通过智能检测系统调节家里的温度、湿度,也可以根据生活节奏自动开启或关闭电器设备,避免不必要的能源浪费。

3. 智能监控系统

智能监控系统可以通过摄像设备录像,并将视频保存和传送至服务器,实现对住宅周边及室内状况的监控,还可以远程控制摄像头的运行并调用查看录像。智能监控系统可以实时有效地了解家中的情况,如小孩、老人的状况,也可以及时了解住宅是否有"不速之客"到访。智能监控系统可以分为室外监控系统、室内监控系统和远程监控系统。

4. 智能安全报警系统

智能安全报警系统由智能探测器和智能网关组成。智能探测器种类繁多,如智能烟雾探测器是当探测到烟雾浓度超标时发出警报;智能温度探测器是当温度达到一定值时发出警报;智能燃气探测器是当可燃气体浓度超标时发出警报。

5. 访问控制系统

访问控制系统就是通过智能遥控器、计算机、手机客户端软件等访问和控制管理房间的设备。它从用户识别、验证、系统资源的使用特权和限制、文件的存取保护等几个方面，为系统提供安全的访问控制功能。

6. 智能家居网关

智能家居网关是智能家居控制系统的核心之一，在系统中有很大的作用。该系统可以将家庭网络与外网连接，实现两者的信息交互；智能家居网关还可以自动收集各种在线设备的信息、运行状态，生成描述文件和日志，对各种设备进行集中管理和简单控制。智能家居网关是实现家庭物联的重中之重。

5.5　智能家居控制系统的工作原理

智能家居控制系统是智能家居的核心，是智能家居控制功能实现的基础。

5.5.1　命令发射系统

命令发射的作用是通过各类传感设备接纳各类传感信号，并触发控制命令或手动触发对应的发射类智能设备来收回控制命令。例如，温湿度传感器搜集室内的温湿度变化数据，并按照需求设定温湿度变化的触发要求，当温度或湿度达到预设的触发要求时，就联动收回控制命令：当温度高时，空调开始制冷；当温度低时，空调开始制热。若装置了亮度传感器，则当室内光照亮度充足时，预设的灯光主动关闭；当室内光照亮度不足时，预设的灯光主动打开。以上场景，都是经过各类传感器来主动感应触发完成智能控制的，当然也可以间接人为手动触发控制命令。

5.5.2　命令执行系统

开灯或关灯主要是通过智能面板来完成的，智能面板收到各类控制命令后，经过剖析解码，驱动对应的强电驱动电路，接通或断开灯控的回路，这样就完成了控制；另外，像电器、窗帘等设备的控制也是同样的道理，数字窗帘的开关收到控制命令后，立刻驱动电动窗帘电机马达的对应电路接通或断开，这样就能控制窗帘的开关。例如空调、电视机、DVD 等红外家电的控制，都是通过装置在天花板的人体感应器来完成的，人体感应器收到控制信号后，立刻把控制信号转发成对应的红外指令。关于安防报警功能的实现，数字安防模块收到控制命令后，会转成对应的语音信号拨打预设的电话号码报警。关于背景音乐的智能控制也是一样的，数字影音中心收到控制命令后，立刻切换外部的播放源电路，开始播放音源。

5.6 智能家居控制系统的总体技术架构

面对众多的智能家居应用，各个厂商采用的架构也各有不同，主要有以下 3 种：

① 独立智能设备 (如智能锁、安防报警、远程监控等)，架构为"家庭网关 + 智能设备 + 智能终端"；

② 家庭内部自成一体的自动化控制系统，架构为"家庭控制主机 + 家庭网关 + 执行器 / 传感器 + 智能终端"；

③ 远端业务平台模式，架构为"远端业务平台 + 家庭网关 + 执行器 / 传感器 + 智能终端"。

未来，智能家居将大大超出家居范畴，与智慧社区、智慧城市等众多应用密不可分，其应用也不仅仅是一些家庭内部的自动化控制服务，信息服务、通信服务等也将是其重要的组成部分。

基于"云—管—端"的智能家居以云端应用、智能管道和智能型终端为典型特征，其在产品应用和服务的用户感知方面具有绝对优势，是面向未来的家居系统的理想形态。基于"云—管—端"的智能家居总体技术架构如图 5-11 所示。

智能家居的总体技术架构一般分为智能家居业务平台、智能家居家庭网关、智能家居终端传感器及执行机构 3 个部分，这 3 个部分各司其职，相互协同配合，为智能家居控制系统提供安全、稳定、可靠的应用及服务。

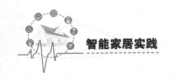

5.6.1 智能家居业务平台

智能家居业务平台包括业务运营管理平台及安防监控、影音娱乐、自动化控制、健康医疗、能源管理等。智能家居业务运营管理平台是智能家居业务与服务的核心,基于该平台可实现用户、业务、资源、运营支撑、服务(内容、应用)接入及管理等功能。

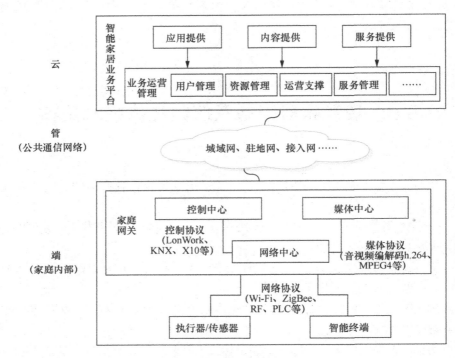

图5-11 智能家居的总体技术架构

5.6.2 智能家居家庭网关

智能家居家庭网关又被称为家庭操控中心,简称家庭网关,它是家庭中实现智能家居应用及服务的"大脑核心",可实现家庭内部智能家居设备之间的智能化应用及服务响应以及家庭内部与家庭外部的信息交换。通过智能家居家庭网关,用户可以通过手机、iPad、计算机等终端经由宽带互联网络实现对家庭内部联网的电器、照明、安防装置及水电气等设备的实时控制和管理。

5.6.3 智能家居终端传感器及执行机构

以下产品通过 Wi-Fi、蓝牙、Z-Wave、PLC、LAN、ZigBee、RF433/315 等接入方式与智能家居家庭网关实现信息交互。

① 安防类产品：可视对讲、探测器等。

② 娱乐与舒适环境类产品：智能开关/插座、情景控制器等。

③ 网络通信类产品：家庭网关、机顶盒等。

某智能家居控制系统的总体架构设计

本方案旨在设计一套智能家居控制系统。智能家居控制系统采用分布式控制方式对智能家居的各部分进行统一控制。系统主要包括远程监控家电（包括台灯、风扇）部分、具有语音提示功能的密码锁防盗部分、窗户自动关窗预防小孩坠楼部分、烟雾浓度监测自动报警部分。各个模块相互独立，某个模块出现故障不影响其他模块运行。系统的整体架构如图5-12所示。

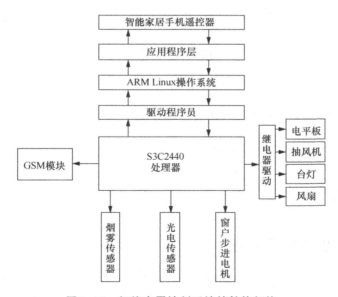

图5-12 智能家居控制系统的整体架构

智能家居控制系统采用 S3C2440 处理器，控制器控制远程监控家电模块，并负责监测温度、烟雾模块以及密码锁模块等。在实际开发中，设计人员先在 ARM Linux 中编写每个模块的驱动程序，编译加载驱动后，应用层方能操作硬件模块，再通过手机收发短信的方式使应用层程序与硬件模块通信，达到控制硬件的目的。

5.7 智能家居控制系统的功能设计

智能家居控制系统的主要功能可以归纳为以下 6 类，如图 5-13 所示。

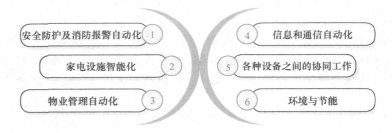

图5-13　智能家居控制系统的主要功能

5.7.1 安全防护及消防报警自动化

安全防护及消防报警自动化是智能家居控制系统最基本的功能。人们越来越重视自身安全及财产安全，因此选择智能家居控制系统的一个基本出发点是家庭安保和灾害报警自动化。

5.7.2 家电设施智能化

家电设施智能化是智能家居的一个重要组成部分。智能家居的一个显著特点是它能根据住户的需求对家用电气设施进行智能控制。随着社会的发展和科技的进步，家电设施智能化还会出现更多、更新的应用。

5.7.3 物业管理自动化

通过与小区智能系统联网，住户可监查用水、用电、用气以及电话、网络等的使用情况：一是实现各种费用的自动计量，减少物业管理的工作量；二是方便用户自我控制费用，避免费用严重超支；三是可及时发现并避免电话或其他资源被盗用。物业管理自动化是小区智能化的一个标志。

5.7.4 信息和通信自动化

一般的通信自动化只是通过电话实现简单的电话自动录音、传真自动接收或回复，而通信智能化则是当家中发生异常情况时，系统可自动拨打报警电话或给主人打电话。智能家居的信息和通信自动化的功能将更加齐全，如将住户的个人计算机接入局域网、互联网，充分利用计算机网络的资源，实现社区信息服务、物业管理服务、网上资料查询、网上商务等各种互联网功能。在具备条件的情况下，还可实现远程医疗、远程教学、咨询预约等功能。

5.7.5 各种设备之间的协同工作

智能家居控制系统可以提供更丰富的系统关联功能，如当用户准备看电视时，客厅灯光自动调到用户喜欢的亮度（通过调光控制模块实现），自动拉上窗帘（通过窗帘控制模块实现），打开电视机并调到用户最喜欢的频道等。

5.7.6 环境与节能

智能家居能监控室内的温度、湿度、亮度等环境的状态值，并根据用户的习惯进行调节控制，在一定程度上既能使生活更加舒适，又能节约能源。不仅如此，通过对家电的智能控制，还可实现节约水、煤气等资源。

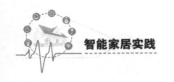

某别墅智能家居控制系统的系统功能描述

本别墅智能家居控制系统的设计有智能门锁、安防报警、可视对讲、灯光、空调、电视、电动窗帘、背景音乐、家庭影院、视频监视、集中控制等功能，并且，以上所有系统都不是独立的，而是和其他系统相互联系，融合为一个统一的整体，并相互响应，做到真正意义上的智能。

下面我们介绍重点区域的详细功能。

1. 庭院

① 室外模拟高清高速球把庭院的影像传送到网络服务器，以方便主人可以通过电视、手机等设备随时随地观察庭院周围的影像，并可保存记录20天。

② 围墙四周安装红外对射探测器，在有人翻墙时报警，报警区域的庭院照明灯亮起，同时响起警笛声并以语音形式警告闯入者，同时打电话通知业主，业主可通过手机直接看到闯入者在闯入区域的相关影像。

③ 在每个窗户和房门处安装门磁报警装置，当业主外出或者就寝时，系统会自动确认门窗是否都已关闭，如果有门窗未关闭，系统会在手机上通过户型图显示具体的位置，业主能够准确地找出未设防的点，以此保证住宅的安全。

2. 大门

① 指纹门锁登记并辨识主人的指纹。

② 业主通过指纹或者刷卡的方式进入别墅，在通过授权的同时，门厅的灯光自动转换为迎宾模式，无须进行传统的开灯操作。

③ 大门处设置具有夜视功能的彩色摄像机，业主可以通过电视、手机等设备随时随地查看大门处的影像。摄像机的记录可保存20天。

④ 大门处设置门铃按钮，当客人来访时，业主可远程开门，如拒绝开门，可按免打扰键，门口喇叭会播出业主不在家等语音提示。如果业主确实不在家，在门铃被按下1分钟后，门口喇叭输出语音提示，同时短信息模块给业主发送有客来访的信息，如果业主想知道拜访者是谁，可以打开手机或计算机中的相关软件来查看门口的影像。

3. 玄关

① 主人经过玄关后，灯光自动熄灭。

② 业主进门后撤防安防系统，离家时布防安防系统。

③ 安防系统报警时，报警区域灯光闪烁，响起警笛声，同时以手机短信通知主人。

④ 门口触摸屏处于"在家模式"时，灯光受控；处于"离家模式"时，关闭所有的灯光，各房间的空调自动设定到节能模式或关闭。

4. 会客厅

① 通过触摸屏，业主可随时选定不同的音乐，并可调节音量的大小。

② 大屏幕电视不仅可以收看有线电视、卫星频道节目，播放 DVD，也可以随时切换到视频监控画面，查看大门和庭院的情况。当发生报警时，也可立刻将视频切换到监控画面，然后摄像机自动转动到发生报警的区域，供业主准确地追踪情况。

5. 车库

① 通过触摸屏可以监视车库的情况。

② 红外感应到有人时，自动打开车库的灯光。

③ 业主通过指纹或者刷卡的方式从车库进入别墅，在通过授权的同时，门厅的灯光自动转换为迎宾模式，车库的灯自动关闭，车库门自动锁住。

6. 主卧室

① 在卧室内侧门口有触摸屏，业主可以通过触摸屏选择卧室不同的场景模式。

② 床头设置场景开关，可以设置的场景有休闲、温馨、看书、休息、起夜和全关。

③ 空调可通过手机或触摸屏集中控制，设定启停、温度、风速和模式。

④ 床头柜下安装人体感应器，在就寝模式下，业主起夜时，脚一落地即可点亮起夜灯。卫生间的灯亮度开到 30%，不会太亮以致让业主睡意全无。当业主回床继续睡觉时，无须做任何操作，灯光延时 5s 熄灭。

⑤ 早上起床时，根据业主在系统中设定的时间，定时开启窗帘，播放广播。

⑥ 业主发生危险，触动紧急按钮报警。

7. 洗手间

① 业主进入洗手间，灯光自动亮起。

② 洗手间无人时，系统会自动关掉灯光，以防止忘记关灯。

8. 厨房和餐厅

① 厨房和餐厅共用一个触摸屏，以控制厨房、餐厅的灯光和空调等。

② 厨房设置一氧化碳浓度传感器，在一氧化碳浓度超标时，自动切断煤气阀，并发出警报。

9. 楼梯

红外感应器、亮度感应器协同工作，有人经过楼梯时，如果环境亮度不够，楼梯处的灯光自动亮起，人经过后自动熄灭。

10. 儿童活动区

儿童活动区的摄像头，可以方便家长在电视、计算机上远程监控儿童的玩耍情况。

某智能家居控制系统之智能恒温系统的功能描述

1. 系统组成

该系统包含中央控制器、温度探测器、湿度监测器、空气质量监控器、空调系统、地暖系统、加湿器、空气净化器、通风系统和远程控制设备。

2. 设备的基本功能

（1）中央控制器

① 中央控制器负责收集系统中各个设备传递过来的数据，以获取用户家中的温度值、PM2.5值、湿度值，并获取空调、地暖、加湿器、空气净化器、通风系统的运行状态。

② 中央控制器分析整理收集来的数据，如果用户家中有监视系统，可以通过该系统获取家中是否有人的信息，如果家中无人，该系统可以采用低功耗配置方案；通过分析当前的温度判断是开启地暖系统还是开启空调系统；通过对当前家中湿度的统计，判断是打开加湿器还是打开空调的除湿功能。

③ 中央控制器具有响应各种查询的功能，如响应远程控制终端的命令和查询，响应传感器传递的状态。

④ 中央控制器具有协调各设备正常工作的功能，如采用合理的调控方案达到用户家中恒温的效果；综合考虑所有因素为用户推荐安全、可靠、合理的配置方案，使用户可以一键完成整个恒温系统的配置。

⑤ 中央控制器通过不断地记录/统计不同场景模式、不同时间段、不同季节用户的常用设置以及用户的个人喜好来设置合理的控制模式（如睡眠状态时，室内温度应保持在20℃～25℃，湿度达到50%～60%等）。

（2）智能空调

智能远程控制：业主可以随时通过远程终端（计算机/手机/iPad等设

备）上的App软件查询空调的运行状态，给空调设置不同的运行模式和温度。

智能检测：自动清除室内PM2.5。

睡眠控温曲线：在睡眠前，用户可以选择夜间睡眠模式，系统为用户智能匹配睡眠曲线，用户也可自动编辑睡眠曲线，按个人入睡时间及睡眠习惯智能控温，从24℃的凉爽温度，到27℃的入睡温度，空调温度自动调节使人能够进入良好的睡眠状态。

智能适应：空调专用能效系统全天候地自动监测智能家居冷暖系统的运行状态、运行参数及屋内/屋外的环境温湿度，同时根据屋外温湿度的变化自动调节屋内的温湿度。

（3）其他设备

① 温度探测器：探测用户家中不同区域的温度（卧室、客厅、厨房等），并反馈给中央控制器。

② 湿度探测器：探测用户家中的湿度并反馈给中央控制器。

③ 空气质量检测器：探测屋内PM2.5、PM10、甲醛等气体和微粒的浓度并反馈给中央控制器。

④ 加湿器：与湿度探测器配合能够自动调节用户屋内空气的湿度，根据中央控制器对屋内/屋外湿度的统计自动设置合理的加湿方案；响应远程终端和中央控制器的指令，高效快捷地调整室内的湿度。

⑤ 地暖系统：电地暖系统以电力为能源，通过网络群控技术来操控智能化供暖系统。该系统节能环保，零碳排放，操作简便。系统安装调试完毕后无须维护，极大地提升了供暖效率、舒适度和安全性。

⑥ 空气净化器：能够吸附、分解或转化各种空气污染物（一般包括PM2.5、粉尘、花粉、细菌、过敏原等）；与控制质量检测器配合实现智能化控制，支持无线远程控制。

3. 控制流程

智能恒温系统的控制流程如图5-14所示。

① 中央控制器定时向各个温度探测器发送查询命令。中央控制器可以控制温度探测器的开启／关闭。

② 不同区域的温度传感器被动响应查询命令并反馈不同区域的温度值；当温度探测器发现温度变化超过设定的门限值时，温度探测器可以主动上报当前的温度并发出警示信号；温度探测器接收中央控制器的参数配置命令并反馈配置状态。

③ 中央控制器根据对业主不同房间温度的统计，再结合网络系统查询到的室外温度完成控制不同房间空调的开关、工作模式、温度设置等工作。

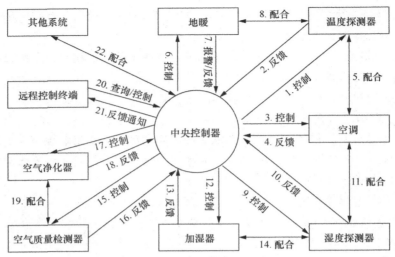

图5-14 智能恒温系统的控制流程

④ 各个空调向中央控制器反馈工作状态并回复操作结果。

⑤ 空调和温度探测器通过中央控制器协调完成室温控制。

⑥ 中央控制可以通过室内温度与室外温度的差值、用户舒适温度对供暖系统进行控制。

⑦ 地暖系统向中央控制器反馈系统的工作状态；地暖系统自身检测到有异常状态时，可以出发紧急响应信号；地暖系统响应中央控制器的控制命令并回复配置结果。

⑧ 温度探测器和地暖设备配合通过中央控制可以达到制热/保温功能，并可根据不同的配置模式使室内温度达到一个相对舒适的状态。

⑨ 中央控制器定时向湿度探测器发送查询命令，中央控制器可以控制湿度探测器的开启或关闭。

⑩ 湿度传感器响应查询命令反馈当前的湿度值；湿度探测器接收中央处理器的参数配置命令并反馈配置结果；当温度探测器发现温度变化超过设定门限值时，可以主动请求上报当前室内湿度值便于系统快速响应。

⑪ 当检测到室内湿度大于体感舒适范围时，中央控制器会根据室外的空气情况选择控制通风系统（前提是室外温度、湿度、空气质量都合格）或者采用空调的抽湿功能达到降低室内湿度的目的，使室内空气的湿度在一个比较舒适的范围内。

⑫ 中央控制器根据湿度探测器检测的空气湿度（偏干燥）给加湿器发送开启加湿器命令；中央控制器检测到室内湿度已经达到舒适程度可以调整加湿器状态为保湿模式；中央控制器定时查询加湿器的工作状态。

⑬ 加湿器响应中央控制器的查询命令并回复结果。

⑭ 加湿器和湿度探测器以及中央控制器配合完成调节室内空气湿度的功能，并使室内一直保持舒适的环境。

⑮ 中央控制器定时向空气质量检测器发送空气质量查询命令；中央控制器定时向空气质量检测器发送工作状态查询命令；中央控制器向空气质量检测器发送开机/关机命令以及参数配置命令等。

⑯ 空气质量检测器响应中央控制器的查询命令，或者当检测到的空气质量超过设定的范围主动发送当前空气质量触发空气质量调整，如发现家中的甲醛量超标可以通过中央控制器警示用户并打开空气净化器。

⑰ 中央控制器根据当前室内/室外的空气质量对比判断是否开启/关闭空气净化器或者打开/关闭通风系统等；中央控制器可以根据当前的空气质量给空气净化器设置不同的参数。

⑱ 空气净化器响应中央控制器的查询命令完成配置并回复工作模式和工作状态是否正常等。

⑲ 空气净化器和空气质量检测器在中央控制器的协调下配合工作，时刻保持室内空气的清新状态。

⑳ 用户可以通过远程控制终端查询和控制家中的整个恒温系统，如用户可以使用便携设备远程打开空调、净化器、加湿器等；用户也可以通过便携设备上的App查询家中各个设备的工作状态，查询家中的温度、湿度、空气质量以便随时发出正确的指令。

㉑ 中央控制器随时向用户反馈查询/配置的结果。

㉒ 恒温系统可以通过中央控制器和其他系统配合工作，如检测到室外空气质量良好，可以打开通风系统（窗户等）而不采用空气净化方式，做到节能高效。中央控制器可以根据需求随时上网查阅外部的温度、空气质量指数；中央控制器可以通过电力系统获取当地电价，合理设置家用电器的使用方案为用户节省开销。

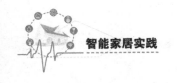

某智能家居控制系统之智能监控系统的功能描述

1. 系统组成

系统包含中央控制器、监视器、门磁感应器、窗户感应器、远程控制终端、智能云等设备。

2. 设备的基本功能

（1）中央控制器

① 收集系统中各个设备传递过来的数据，这些数据包括红外线传感器、摄像头、门窗磁感应器的数据。

② 中央控制器分析红外线传感器传递过来的信息数据，确认检测到的是人还是动物，并判断是否应该发出警报；中央控制器可以根据摄像头传来的图像信息对比已有记录的形体特征分辨出是家人还是陌生人；中央控制器获取门磁感应器的数据，确认是否应该发出警报；获取访客信息确认是否应该开门。

③ 中央控制器还具有路由功能，对获取到的数据作出判断并将其转发给远程控制中心和小区门卫安保系统；摄像头传来的数据可以上传到云端。

④ 中央控制器具有响应各种查询的能力：响应远程控制终端的命令和查询；响应传感器传递的数据，并给出合理的配置。

⑤ 中央控制器具有协调各设备正常工作的功能：采用合理的方案使门磁感应系统能够和监控系统合理配合，协调其他系统和防卫系统的工作。

（2）监控器

① 支持 24 小时全天录像。

② 可以连接所有的无线网络。

③ 支持极强的夜视功能，能实现高清录像功能，还具备 130° 的大视野。

④ 支持云计算的无线网络视频监控，更易实现视频存储方式；无论在哪里都可以查看监控，并可以双向通话和远程观看；支持内设储存卡设备。

⑤ 支持摄像头前面有动静标记，甚至可以提醒用户。

⑥ 内置的麦克风和扬声器可以让用户听到声音，还能与闯入者对话。

（3）其他设备

① 远程控制终端功能：通过安装在手机/便携设备/计算机上配套的App软件，用户可随时查询家中的状态；通过下载云端视频，用户可以随时

监控；通过控制中央控制器，用户可间接控制家中的各个设备；用户可以手动向小区门卫安防系统报警。

② 云端功能：支持用户远程查询视频数据；支持上传摄像头视频数据。

③ 门磁感应/窗户感应：获取门窗信息并上传给中央控制器；响应中央控制器的控制信息（开/关门窗）。

3. 控制流程

监控系统的控制流程如图 5-15 所示。

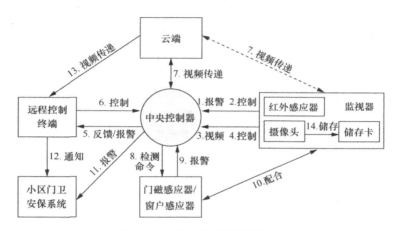

图5-15 监控系统的控制流程

① 监视器包含红外感应器、摄像头和储存卡 3 个部分，红外感应器可以传递红外感应信息给中央控制器，中央控制器可以通过一定的算法判断感应到的是动物还是人。

② 中央控制器在接收到监视器中的红外感应信号后，经过判断可以控制红外感应器做出相应的操作（如判定红外感应器为假报警可以关闭报警）。

③ 摄像头可以 24 小时传递视频给中央控制器，并在异常情况发生时插入标记，方便用户查阅；摄像头中配备麦克风和话筒，便于用户与不法分子使用语音交流。

④ 中央控制器可以控制摄像头的模式（白天模式、夜间模式、高清模式、常规模式），可以控制摄像头的旋转方向、焦距等。

⑤ 中央控制器在检测到有异常情况发生或者收到用户的查询时，可以反馈用户家中的情况。

⑥ 远程控制终端通过网络（移动网络、互联网、固定电话系统）主动发起控制命令（查询、设置等）；在获取到家中有异常情况时，发生时发出

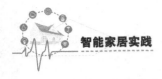
查询／控制命令。

⑦ 摄像头可以直接或者通过中央控制器把监控视频上传到云端，也可以从云端下载监控视频。

⑧ 中央控制器可以通过控制命令关闭／打开门窗。

⑨ 门／窗磁感应器在感应到异常情况发生时，可以对中央控制器发出报警信号，平时也可以定时发送门窗的状态。

⑩ 门／窗磁系统和监视器可以配合使用，如当摄像头检测到有异常情况发生时，门／窗磁系统可以确认门窗有没有被侵入并给予合理操作。

⑪ 中央控制器检测到家中发生异常情况时，可以及时向门卫系统报警，以便安保人员能够以最快的速度到达现场。

⑫ 远程控制终端也可以在获取到家中发生异常情况时，向门卫系统报警。

⑬ 用户可以随时通过云终端查看家中的情况。

⑭ 摄像头也可以配备存储卡，以便用户在家中查询监控视频。

某智能家居控制系统之智能安防系统的功能描述

1. 系统组成

系统包含中央控制器、火灾探测器、风雨感应器、开窗器、燃气报警器、燃气阀、远程控制终端、监控系统、水浸探测器等设备。

2. 设备的基本功能

（1）中央控制器

① 定时获取各个传感器的工作状态信息。

② 根据传感器获取的信息完成相应的操作：如有设备损坏，可以发出警示信号给用户；如果发现浓烟报警，在通知用户的同时还可以通知小区门卫安保系统并启动通风系统；检测到有风雨报警，控制开窗器关闭窗户；检测到燃气浓度超过阈值在发起报警的同时,控制中心关闭燃气阀并打开窗户（通风系统）；检测到家中漏水，报警的同时可以打开排水系统。

③ 检测到险情、待其解决后关闭报警，检测到设备有故障，重启设备或者警告用户。

④ 转发各设备之间的交互数据，控制协调各个设备的接入和通信等

操作。

⑤ 向小区安保系统和用户发送报警信号，接收远程控制设备的控制和查询命令。

（2）火灾探测器

火灾探测器是系统的"感觉器官"，它的作用是监测环境中是否发生火灾。一旦有了火情，火灾探测器就将火灾的特征物理量，如温度、烟雾、气体和辐射光强等转换成电信号，并立即向中央控制器发送报警信号。在正常状态时，火灾探测器向中央控制器发送探测器的状态信息，或者收到中央控制器的查询信息后反馈探测器的状态信息或取消重置报警。火灾探测器按采集现场的信息类型分为烟感探测器、感温探测器、火焰探测器和特殊气体探测器。感烟探测器是一种响应燃烧或热解产生的固体或液体微粒的火灾探测器，是使用量最大的一种火灾探测器。常见的烟感探测器有离子型、光电型等。离子烟感探测器由内外两个电离室构成：外电离室（即检测室）有孔与外界相通，烟雾可以从该孔进入传感器内；内电离室（即补偿室）是密封的，烟雾不会进入。发生火灾时，烟雾粒子窜进外电离室，干扰了带电粒子的正常运行，使电流、电压有所改变，破坏了内外电离室之间的平衡，探测器就会产生感应而发出报警信号。光电烟感探测器内部有一个发光元件和一个光敏元件，由发光元件发出的光，通过透镜射到光敏元件上，电路维持正常，如有烟雾从中阻隔，到达光敏元件上的光就会显著减少，于是光敏元件就把光强的变化转换成电流的变化，通过放大电路发出报警信号。吸气式烟感探测器一改传统烟感探测器等待烟雾飘散到探测器而被动进行探测的方式，主动采样探测空气，保护区内的空气样品被吸气式烟感探测器内部的吸气泵吸入采样管道，送到探测器进行分析，如果发现烟雾颗粒，即发出报警。除去报警功能以外，智能火灾探测器必须具有很强的抗干扰能力以及通信能力。

（3）水浸探测器

普通接触式水浸探测器是利用液体导电原理进行检测的。正常时，两极探头被空气绝缘；在浸水状态下，两极探头导通，传感器输出干接点信号；当探头浸水高度超过设定值后，即产生告警信号。智能水浸探测器必须具有双向通信的功能，既能接受中央控制器的控制，又能及时反馈探测器的状态和发出可靠的报警信号。

（4）燃气报警器

燃气报警器就是气体泄漏检测报警仪器。当环境中可燃或有毒气体泄漏，气体报警器检测到气体浓度达到爆炸或中毒状态时设置的临界点时，燃气报警器就会发出报警信号，提醒相关人员采取安全措施。燃气报警器相当于自动灭火器，可驱动排风、切断、喷淋系统，防止发生爆炸、火灾、中毒事故，从而保障安全。燃气报警器可以测出各种气体的浓度，具有双向通信能力，可以和其他设备配合使用，能够接收控制命令并给予反馈。

（5）其他设备

① 开窗器：接收中央控制器的命令，打开或关闭窗户，接到命令后反馈开窗器的状态。

② 监控系统：主要是协助其他设备起到查询/确认的作用。

③ 远程控制终端：主要是远程间接控制相对应的设备以及查询当前用户家中的状态；向小区门卫安保系统报警。

④ 燃气阀：接收中央控制器的命令关闭燃气系统，同时定时反馈自身状态。

⑤ 风雨感应器：在刮风天或者下雨天，风速或降雨量达到系统设定的值时，风雨感应器向中央控制器发送报警信息，接收和响应中央控制器的命令。

3. 控制流程

智能安防系统的控制流程如图 5-16 所示。

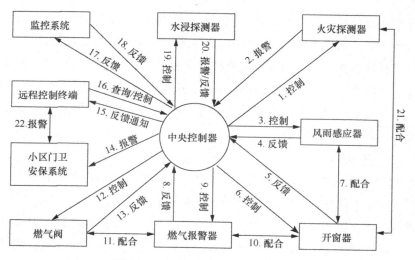

图5-16　智能安防系统的控制流程

① 中央控制器定时发送查询命令，要求火灾探测器反馈工作状态；中央控制器控制火灾探测器完成取消报警、重启等操作，中央控制器可以配置火警报警器的参数（报警方式、触发报警浓度等）。

② 无火灾状态时响应中央处理器的查询命令，有火灾状态时向中央控制器发出火灾状态（浓烟、高温、火焰）等警示信息，同时支持语音报警。

③ 中央控制器定时发送查询命令，要求风雨感应器反馈工作状态；中央控制器控制风雨感应器完成取消报警、重启等操作，完成风雨感应器参数的配置。

④ 无风雨状态时响应中央处理器的查询命令，有风雨状态时向中央控制器发出风雨状态（刮风、下雨）等警示信息。

⑤ 空闲状态时，开窗器响应中央处理器的查询命令，如报告开窗器的状态（健康、有故障等），在接收到中央控制器的命令后，响应开窗和关窗命令并回复操作结果。

⑥ 中央控制器定时发送查询命令，要求开窗器反馈工作状态；中央控制器控制开窗器完成开窗、关窗等操作。

⑦ 开窗器配合风雨感应器判断是否关/闭窗户。

⑧ 空闲状态时，燃气报警器响应中央处理器的查询命令，如报告燃气报警器的健康状态（健康、有故障等），在接收到中央控制器的命令后，完成关闭报警或者重启工作。

⑨ 中央控制器定时发送查询命令，要求燃气报警器反馈工作状态；中央控制器控制燃气报警器完成关闭报警或者重启操作。

⑩ 检测到燃气浓度超过安全范围时，开窗器可以配合中央控制器打开窗户；在燃气浓度降到安全范围后，开窗器可以配合中央控制器关闭窗户。

⑪ 检测到燃气浓度超过安全范围时，智能燃气阀可以配合中央控制器关闭燃气系统。

⑫ 中央控制器定时发送查询命令，要求燃气阀反馈工作状态（打开/关闭）；中央控制器控制燃气阀完成打开或者关闭燃气阀操作。

⑬ 空闲状态时，燃气阀响应中央处理器的查询命令，并响应中央控制器发来的命令打开/关闭燃气阀。

⑭ 中央控制器检测到火灾、燃气泄漏、漏水报警，可以选择性地转发给小区门卫安保系统，完成报警。

⑮ 中央控制器反馈远程控制终端的请求。

⑯ 用户通过远程控制终端随时查询家中的安保状态，并通过远程控制终端发出控制命令（如关闭错误的报警等操作）。

⑰ 中央控制器在检测到火灾、燃气泄露、漏水报警时，与监控系统进行确认。

⑱ 监控系统将检测到的情况发送给中央控制器，由中央控制器作出综合判断并响应。

⑲ 中央控制器定时发送查询命令，要求水浸探测器反馈工作的状态（健康／有故障）；中央控制器控制水浸探测器完成解除报警或者重启命令。

⑳ 水浸探测器响应中央控制器的命令，发送检测状态给中央控制器。

㉑ 当火灾现场有大量浓烟时，开窗器配合中央控制器打开窗户；在检测到火灾已被扑灭后，开窗器可以配合中央控制器关闭窗户。

㉒ 用户通过远程控制终端直接完成对小区门卫安保系统的报警。

第6章

智能家电控制系统的建设

  传统的家电采用各自独立的工作模式，不同家电之间无法通信，这样就不能有效地安排各家电协同工作，造成能源浪费。同时，传统的家电无法自动获取外界信息，人们无法对其进行远程操作，难以满足现代生活的需求。

  计算机网络、通信和控制技术的发展使家电的集中和远程智能控制成为可能。我们将信息技术和家电技术相融合，在更大程度上实现家庭生活的信息化和智能化，使所有的消费电子类产品具备连入网络的能力。这也是家用电器未来的发展趋势。

6.1　智能家电控制系统概述

6.1.1　智能家电

6.1.1.1　智能家电的含义

智能家电是以各种家电设备为基础平台，综合网络通信、信息家电、设备自动化等技术，将系统、结构、服务、管理集成为一体的高效、安全、便利、环保的技术系统，而智能家电控制系统是实现它的一个重要手段。与普通家电相比，智能家电不仅具有传统功能，还能提供舒适、高效、便捷、具有高度人性化的控制方式；使家电具有"智慧"，提供全方位的信息交换功能，实现家电控制的实时畅通，优化人们的生活方式，帮助人们有效地安排时间，增强家庭生活的高效性，并为家庭节省能源费用。

6.1.1.2　智能家电的主要功能

智能家电并不是单指某一台家电，而是一个技术系统，随着人们对应用需求的不断增加和家电智能化的不断发展，其内容将会更加丰富。根据实际应用环境的不同，智能家电的功能也会有所差异，但一般具备以下基本功能。

① 通信功能：包括电话、网络、远程控制和报警等。

② 消费电子产品的智能控制功能：例如可以自动控制加热时间、加热温度的微波炉；可以自动调节温度、湿度的智能空调；可以根据指令自动搜索电视节目并摄录的电视机和录像机等。

③ 交互式智能控制：可以通过语音识别技术实现智能家电的声控功能；通过各种主动式传感器（如温度、声音、动作等）实现智能家电的主动性动作响应。用户还可以自己定义不同场景、不同智能家电的不同响应。

④ 安防控制功能：包括门禁系统、火灾自动报警、煤气泄漏、漏电、漏水等。

⑤ 三表（或四表）远程抄收。

⑥ 健康与医疗功能：包括健康设备监控、远程诊疗、老人（病人）异常监护等。

6.1.1.3 智能家电的特点

与传统的家用电器产品相比，智能家电具有图 6-1 所示的特点。

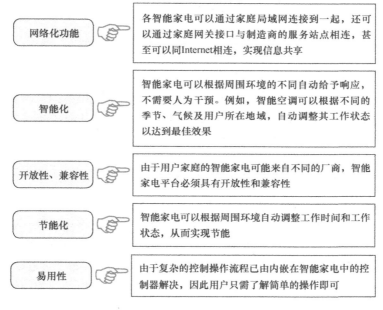

网络化功能	☞	各智能家电可以通过家庭局域网连接到一起，还可以通过家庭网关接口与制造商的服务站点相连，甚至可以同Internet相连，实现信息共享
智能化	☞	智能家电可以根据周围环境的不同自动给予响应，不需要人为干预。例如，智能空调可以根据不同的季节、气候及用户所在地域，自动调整其工作状态以达到最佳效果
开放性、兼容性	☞	由于用户家庭的智能家电可能来自不同的厂商，智能家电平台必须具有开放性和兼容性
节能化	☞	智能家电可以根据周围环境自动调整工作时间和工作状态，从而实现节能
易用性	☞	由于复杂的控制操作流程已由内嵌在智能家电中的控制器解决，因此用户只需了解简单的操作即可

图6-1 智能家电的特点

6.1.2 智能家电控制系统

6.1.2.1 智能家电控制系统的基本组成

在达到性能指标要求的前提下，为了尽可能地降低成本，整个系统尽可能使用常用家电设备，以使系统简单、易操作和实现低成本。智能家电控制系统分为远程控制端、集中控制端和家电控制端 3 部分，如图 6-2 所示。

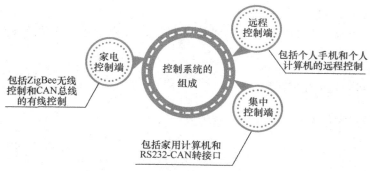

图6-2　智能家电控制系统的组成

用户可使用远程控制端发送控制指令，控制指令通过网络到达集中控制端的家用计算机，再由家用计算机把指令发送到所需控制的家电终端，例如冰箱、空调和电饭煲等。同时，家用计算机作为集中控制的主机，实时给远程控制终端返回家电运行的状态，供用户远程控制查询。

6.1.2.2　智能家电控制系统的设计涉及的技术

随着网络技术和智能家用电器设备的飞速发展，越来越多的家庭对于家居生活已经不满足于豪华装饰，而是对便捷的智能家电体系产生需求，要求建立能实现所有电器设备互联互通的家庭网络，并通过家庭网关将所有家电设备连接到Internet，从而实现随时随地的远程控制。其中，家庭网关是整个家庭网络的核心，它主要实现Internet接入、远程控制以及连接家庭内部异构子网的功能。智能家电是电子行业正在重点研究、积极推广、面向即将到来的巨大市场的新一代家用电器产品。

目前，控制家电的主流的数据传输技术如下。

（1）基于电力载波通信的技术

电力载波通信（Power Line Communication，PLC）即电力线通信，是指利用电力线传输数据和语音信号的一种通信方式。该技术是把载有信息的高频信号加载于电流，然后用电线传输，接收信息的调制解调器再把高频信号从电流中分离出来，并传送给计算机或电话，以实现信息的传递。该技术在不需要重新布线的基础上，在现有电线上实现数据、语音和视频等多业务的承载。由于PLC传输数据会形成电磁辐射，因而会对其他电器产生干扰。

（2）基于蓝牙通信的技术

蓝牙通信是一种低功率、短距离的无线连接技术，其设计初衷就是将智能移动电话与笔记本计算机、掌上电脑以及各种数字化的信息设备用一种小型的、低成本的无线通信设备连接起来,进而形成一种个人身边的网络,使得在其范围之内,各种信息化的移动便携设备都能无缝地实现资源共享。目前,该项技术被引入智能家电控制系统中。蓝牙通信的传输距离有很大的限制,而且不能在多房间进行传输。使用蓝牙技术进行通信的设备,分为"主叫方"和"受取方"。主叫方只能同时与 7 台受取方通信,在家电数量众多的现代家庭中,这一限制影响了家庭控制网络的构建。

（3）基于 Internet 技术的智能家电控制

Internet 技术的成熟,使很多研究者致力于将该技术引入智能家电领域。但 Internet 不是实时通信,所采用的分组交换方式存在时延问题。时延是从信息发出到信息收取经过的时间。Internet 传输的是数字编码信号,要把数字化的信号分组、打包,还要用存储、转发的路由方式传送,在接收端还要解码、复原等,因此增加了很多如编码、解码、缓存等时延。如果遇到网路拥挤的情况,等待转发可能导致随机时延,甚至还会造成数据分组的丢失。在传统的控制系统中,监督命令和反馈信号都是基于时间变量的。而基于 Internet 的智能家电遥控操作系统的控制端和被控制端很难在时间上保持同步,这样会引起整个系统的不稳定,如果不加改进地引入智能家电控制领域,将存在一定的安全隐患。

6.2　智能家电控制系统的设计

6.2.1　需求分析

需求分析是软件开发的一个关键过程。在这个过程中,相关人员需要和用户反复沟通以确定用户的需求。只有确定了这些需求后,相关人员才能够分析和寻求新系统的解决方法。需求分析阶段的任务是确定软件系统的功能。智能家电控制系统的使用者主要是普通家电控制用户,其次是服务器管理用户。

6.2.1.1　功能性需求分析

用户对智能家电控制系统的功能性需求有多个方面,具体如图 6-3 所示。

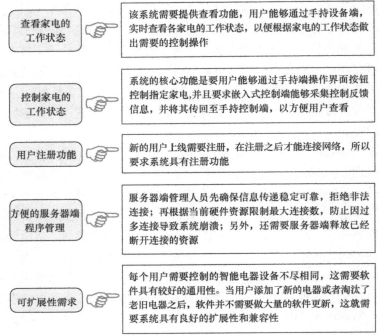

图6-3　用户对智能家电控制系统的功能性需求

6.2.1.2　非功能性需求分析

非功能性需求包括安全性需求、界面需求两个方面。

（1）安全性需求

每一个家庭同一时间只允许一个手持端控制智能家电系统，同时要确保家电不会被他人获取连接，不被非法控制。

（2）界面需求

简洁、美观的操作界面具有易用、突出重点、容错高等特点。广义上讲，软件界面就是某样事物面向外界而展示其特点及功用的组成部分。通常我们说的软件界面就是狭义上的软件界面。

6.2.1.3　数据流分析

桌面客户端在建立连接之前需要先注册信息。桌面客户端提交用户信息到服务器，服务器将桌面客户端提交的用户信息写入数据库。用户注册数据流程如图6-4所示。

图6-4　用户注册数据流程

6.2.2　智能家电控制系统的总体设计

6.2.2.1　智能家电控制系统总体的结构设计

控制系统总体分为嵌入式控制部分、桌面客户端部分、服务器部分和手持端部分4大部分，每一部分的相关功能都采用模块化设计，本阶段确定各模块的功能和数据库设计方案，每个模块均依据高内聚、低耦合的原则。智能家电控制系统的功能结构如图 6-5 所示。

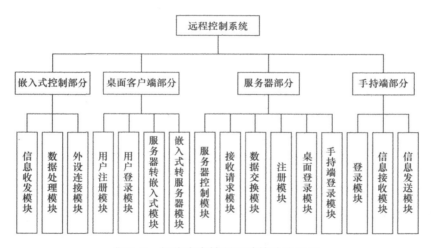

图6-5　智能家电控制系统的功能结构

6.2.2.2　各部分功能设计

（1）嵌入式控制部分

嵌入式控制部分主要分为三大模块，分别为信息收发模块、数据处理模块和外设连接模块。信息收发模块负责与桌面客户端进行通信。数据处理模块负责解析来自桌面客户端的命令并向 IO 发送相关指令，还需要将智能电器设备传回的

数据进行处理然后发送到信息收发模块，让其把信息传至桌面客户端。嵌入式控制部分的功能结构如图 6-6 所示。

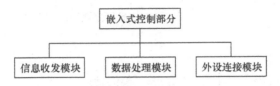

图6-6　嵌入式控制部分的功能结构

（2）桌面客户端部分

桌面客户端部分主要负责用户账户注册、用户登录、接收来自服务器的信息并将其转发到嵌入式端和接收来自嵌入式端的信息并将其转发到服务器。通过以上分析，我们得知桌面客户端主要分为用户注册模块、用户登录模块、接收服务器信息转发嵌入式模块（以下简称服务器转嵌入式模块）和接收嵌入式信息转发服务器信息模块（以下简称嵌入式转服务器模块）。桌面客户端部分的功能结构如图 6-7 所示。

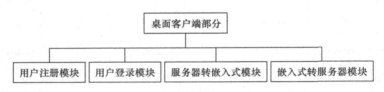

图6-7　桌面客户端部分的功能结构

（3）服务器部分

服务器部分的主要功能为关闭和开启服务器、接收请求、处理来自桌面注册请求、处理桌面登录请求、处理手持端登录请求和交换数据。服务器应包含的模块为服务器控制模块、接收请求模块、注册模块、桌面登录模块、手持端登录模块和数据交换模块。服务器部分的功能结构如图 6-8 所示。

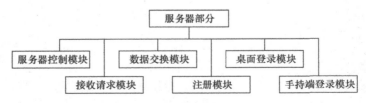

图6-8　服务器部分的功能结构

（4）手持端部分

手持端主要负责与用户交互，首先需要用户登录服务器，所以手持端需要具备登录功能。当用户操作相关控件或者输入相关信息时，手持端需要将请求发送至服务器。当有来自服务器的信息时，手持端需要接收来自服务器的信息并将其进行合适处理之后在界面反映。由以上分析，手持端部分应包含的模块为登录模块、信息发送模块和信息接收模块。手持端部分的功能结构如图 6-9 所示。

图6-9 手持端部分的功能结构

6.2.3 智能家电控制系统的数据库设计

6.2.3.1 智能家电控制系统的数据库概念的设计

由数据流分析，我们得到如图 6-10 和图 6-11 所示的 E-R（实体—联系）图。

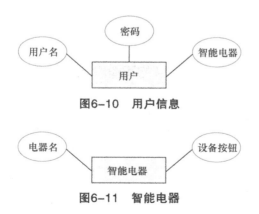

图6-10 用户信息

图6-11 智能电器

6.2.3.2 数据库的逻辑设计

数据库需要一张 USER_INFO 表记录用户的信息，当用户用手持设备连接服务器时，需要提交验证信息，服务器将用户提交的信息与数据库中的信息进行对比，然后反馈给用户，确定是否登录成功。表 6-1 所示为 USER_INFO 表。

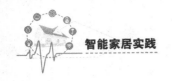

表6-1　USER_INFO表

字段名	类型	说明	其他
User_name	Varchar（20）	用户名	主键
User_pwd	Varchar（20）	密码	
Have_Device	Varchar（500）	拥有的电器设备	

通过数据库的逻辑设计，我们知道数据库需要 DIVICE_INFO 表来记录各个设备的信息，通过不同的设备信息进行不同操作。表 6-2 所示为 DIVICE_INFO 表。

表6-2　DIVICE_INFO表

字段名	类型	说明	其他
Device_name	Varchar（20）	电器名	主键
Device_button	Varchar（500）	拥有的按钮	

6.2.4　智能家电控制系统的详细设计与实现

详细设计是软件工程中软件开发的一个步骤，是对总体设计的一个细化。这涉及软件开发，在此就不再赘述。

某方案提供商的智能家电控制系统

1. 系统组成

系统包含中央控制器、冰箱、洗衣机、电饭煲、电烤箱、空调、智能电视、热水器或者智能开关、遥控器、协议 / 信号转换器、智能插座等。

2. 设备基本功能

（1）中央控制器

① 中央控制器可以收集系统中各个设备传送过来的数据，如获取来自智能插座的反馈信息（电器工作的状态、插座通断的状态、家中是否有电、电器的耗电量），获取来自冰箱的运行状态以及冰箱反馈的消息（食物的状态），获取洗衣机的工作状态（洗衣、漂洗、烘干、剩余洗涤时间等参数），获取电热水器的状态（温度达到预设温度等信息）。

② 中央控制器可以分析整理收集到的数据，根据获取各个设备工作的

状态和参数综合制订方案，可以为用户制订合理的时间安排方案供用户选择；通过统计用户的生活习惯可以智能配置家中电器的工作方式，如通过统计设置电热水器打开的工作时间、打开电视自动跳转到用户经常观看的电视频道、早晨自动为用户泡一杯咖啡等。

③ 中央控制器还应该具有路由功能，判断并转发获取到的数据：获取不同设备间的数据，及时转发到有需求的设备。

④ 中央控制器具有响应远程控制终端的控制和查询命令。

⑤ 中央控制器具有和其他系统配合工作的能力。

（2）协议／信号转换器

中央控制器需要控制不同厂商的设备，有些设备之间还需要相互通信，但中央控制器不可能支持所有设备的协议和信号，如现在大多非智能电视／空调采用红外控制方式，信号转换器支持把 RF/ZigBee 信号转换成电视和空调都能够识别的红外线信号。

（3）遥控器

遥控器作为中央控制器的辅助设备，在家中使用更加快捷、便利。遥控器可以集成部分中央控制器的功能并完成简单的控制命令，如打开／关闭电视／灯等操作。

（4）智能插座

① 静态时（插座不用时），插座没有电源输出，插座的工作指示灯不亮，是无电的状态。此时，插座中电极与电源是完全断离的状态，具有很高的安全性。

② 插座接收到红外线／RF/ZigBee/Wi-Fi 等信号后会自动接通电源，可以正常使用电器。

③ 关闭电器后，插座内部的智能双核 IC 芯片会在线检测电流的变化，在一段时间（30 秒、5 分钟、30 分钟等）后自动断电，此时插座上的工作指示灯灭，恢复无电状态。

④ 智能插座支持实时状态反馈，可将电器工作的状态实时反馈到客户端，支持多个定时任务的设置，手机客户端可控制多个智能插座。

⑤ 智能插座内设防雷电、防高压、防过载、防漏电的功能。一旦有瞬间雷击感应高压进入，插座会自动吸收雷电感应高压，若超过插座本身能吸收的范围，该智能插座会自动断电；该插座设置额定电压220V，最高可

承受电压265V，超过电压设置数值后会自动断电；该插座利用电子式线圈实时监控火线，一旦发生过载，该智能插座会自动断电。

（5）冰箱

食品管理功能：了解冰箱内食物的数量；了解食物的保鲜周期；自动提醒食物保质期时间，把快到保质期的食物交换到离冰箱门口更近的位置；根据储存食物的种类，长期学习统计用户购买食品的习惯提供合理化放置方案，提供合理的饮食搭配方案，并通过云端形成菜谱供用户查阅。

物联云服务功能：可以通过网络在线查询冰箱内的食物信息；可以设置购物清单，提醒用户购买食物；可以通过手机短信接收冰箱内的食物信息。

冰箱控制系统：冰箱拥有多种调节模式，根据需求随时调节；可以查询当前冰箱内的温度；分时记电，电费一目了然。

感应透明化系统：冰箱门采用透明化设计，当用户走近冰箱时，冰箱内部冷光灯可以自动亮起来，用户可以不必打开冰箱就可以确认冰箱中有哪些食物，达到节约能源的作用。

（6）洗衣机

智能远程控制：可通过移动终端远程操控洗衣机，选择洗衣程序、设置参数以及查看洗涤状态和时间。洗涤结束后自动推送信息到手机，提醒用户已经洗完衣物。

智能天气推送：系统推送实时天气状况，还可以显示近期的天气状况，并根据天气状况智能推荐洗涤程序，阴雨天自动配备烘干、除味等程序，免去天气给洗涤造成的困扰，同时还可以提醒用户今天适合穿什么衣服，便于用户合理安排清洗衣物的顺序。

洗衣程序升级：登录移动终端，如果有新的洗涤程序可供选择，系统会提醒用户有新的应用，用户可以选择需要的应用程序进行下载和升级。

智能模糊控制：自动检测衣物的材料、重量、脏污程度等状态，智能投放洗涤剂和设置水量，智能设置最佳的洗涤程序，达到节约和减排的目的。

（7）热水器

1）燃气热水器

远程安防监控：智能云热水器可以远程监控家中的燃气安全，一旦出现一氧化碳泄漏或者甲烷泄漏，热水器将会通过中央控制器发出报警提醒。

智能热水云适应：根据四季环境、室温以及个人的偏好，智能记忆，自行调整适应，彻底解决调温的麻烦。

专属定制功能：智能云家电可以做到无微不至，根据不同用户的喜好定制每个人的专属用水模式，包括浴缸注水量、水温和水流量。

自动温度调节功能：根据检测水温与预设定温度的差值通过调整燃气的大小和冷热水的比例自动控制出水温度。

2）电热水器

智能远程操控：无论身处何处，用户都能随时查看热水器的运行状态，并可远程控制所有功能。

（8）智能开关

远程控制：用户可以通过远程终端远程监控智能开关的状态（开/关），可以远程打开/关闭智能开关。

控制模式：支持红外/无线/手动/光感/声音等控制方式。

安全保护：超过额定电压时，能够自动断电并保护家电设备。

高效节能：当检测到用户断电后，自动关闭智能开关，起到节能的作用，并通知用户。

自动夜光：智能开关能够自动采用夜光模式，避免用户在夜间无法找到开关。

记忆存储：内设IIC存储器，自动记忆所有设定。

（9）电烤箱

智能教学指导：烤箱配有详细的烘焙指导书，新手可以按照指导书的步骤烘焙食物。

一键记忆：用户可以一键保存本次操作的所有流程，下次烘烤时可直接调用，为用户提供方便快捷的服务。

安全监控：在使用的过程中全程监控智能家电的各个参数，如随时传递烤箱的状态（有异常状态随时断电报警）。

（10）智能电视

获取信息：网络搜索、IP电视、视频点播（VOD）、数字音乐、网络新闻、网络视频电话等各种应用服务。

遥控：具备全新的遥控装置，并且可以和各种移动终端连接互动（一键传屏、智能搜索等）。

3. 控制流程

智能家电控制系统的控制流程如图6-12所示。

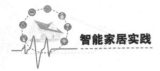

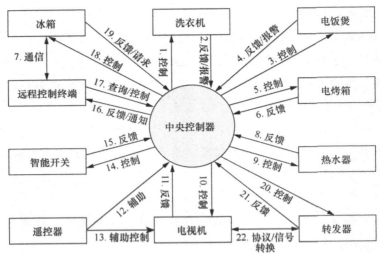

图6-12　智能家电控制系统的控制流程

①用户可以通过中央控制器设置不同的洗衣方案，中央控制器可以定时获取洗衣机的休眠／运行状态，中央控制器可以根据洗衣机的智能化程度配置不动的使用方式。

②洗衣机根据衣服的质量、重量、清洁程度等自动控制水量、洗衣液量以及清洗时间，同时可以通过中央控制器控制供水系统，提供合适的水温；洗衣机响应中央控制器的查询命令，上传洗衣机的工作状态；洗衣机结束洗涤时，可以发送洗涤结束消息告知用户，也可以语音提醒用户。

③用户可以通过中央控制器设置不同的电饭煲方案，中央控制器可以定时获取电饭煲的休眠／运行状态。

④电饭煲响应中央控制器的查询命令，上传相关状态（显示剩余工作时间或食物已熟状态指示），及时反馈电饭煲的故障状态警告用户；当电饭煲完成工作后，可以发送消息给中央控制器以便及时告知用户，也可以语音提醒用户。

⑤中央控制系统定时发送查询命令以获取电烤箱状态，中央控制器可以智能修改电烤箱的一些参数已达到最优化的设置；用户还可以通过中央控制器连接网络，分享美食图片和成功的经验给其他用户。

⑥电烤箱响应中央控制的查询命令，用户在获取一次成功的烘烤经历后可以一键保存设置，电烤箱上传中央控制器保存该设置；当电饭煲完成工作后，可以发送消息给中央控制器以便及时告知用户，也可以语音提醒

用户。

⑦ 在家电设备支持的情况下，远程设备可以直接远程操作和查询家电设备状态，用户在家时也可以通过便携设备上的 App 直接管理家中的家电。

⑧ 热水器随时上传水的温度信息，便于中央控制器及时通知用户，电热水器响应中央控制器发来的开启 / 关闭热水器的命令并反馈操作结果。同时，用户在使用燃气热水器时，热水器配合水温传感器自动控制燃气大小和冷热水之间的比例，达到整个洗澡过程中水温保持恒定温度。

⑨ 中央控制器可以统计不同用户的不同设置内容，根据不同的季节、不同的爱好方式设置不同的水温、水流大小和水流压力等。

⑩ 中央控制器可以直接控制电视（协议 / 信号匹配支持）或者通过红外转发器间接控制电视完成网络搜索、IP 电视、视频点播（VOD）、数字音乐、网络新闻、网络视频电话等各种应用服务命令。

⑪ 电视机响应中央控制器命令，电视信号支持通过中央控制器上传视频，如可以选择手机和电视的一键传屏功能。

⑫ 遥控器起到辅助中央控制器的作用，客户在家时可以使用遥控器实现简单快捷的操作（直接控制电视开关和更换频道、空调开关模式及设置温度、设置照明系统一键场景、设置一键离家、撤销开启监控系统等功能）。

⑬ 客户在家时可以使用遥控器完成简单的操作（直接开关电视机或更换频道）。

⑭ 中央控制器可以控制智能开关对相关设备进行断电操作，中央控制器可以配置智能开关的定时断电 / 上电功能，离家状态可以切断不需要设备的电源。

⑮ 智能开关可以响应中央控制器的命令，同时反馈智能开关的状态（是否有电、是否正常工作、用电量统计等）。

⑯ 中央控制器可以响应用户的请求，报告家中智能家电的状态，完成对智能家电的配置（如打开电视、打开冰箱等命令）；中央处理器可以反馈家中电器设备的紧急事件（断电、设备故障、火灾等异常情况）。

⑰ 用户可以通过远程控制终端完成对家电设备的查询和操作：回家路上提前打开电视机、热水器、空调；查询冰箱中食物种类和数量（便于用户决定是否需要购买新的食物）。

⑱ 中央控制器根据冰箱中放置的不同食物设定不同区域的温度；查询冰箱中的状态（食物数量、各区域温度等）。

⑲ 电冰箱可以响应中央控制器的请求，报告当前状态，下载不同的饮食方案、菜谱便于用户回家使用。

⑳ 中央控制发送命令，转发器可以把中央控制的命令转换成设备能够识别的命令传递给不同的设备，如 Wi-Fi 到红外等。

㉑ 转发器完成各个不同设备协议 / 信号到中央控制器，能够识别的协议 / 信号的转换。

㉒ 完成电视红外信号到中央控制器 ZigBee/Wi-Fi 信号的相互转换。

第7章

智能家居安防系统

智能家居安防系统是指通过各种报警探测器、报警主机、摄像机、读卡器、门禁控制器、接警中心及其他安防设备为住宅提供入侵报警系统服务的一个综合性系统。该系统包含了闭路监控电视子系统、门禁子系统和入侵报警子系统。

7.1　智能家居安防系统概述

7.1.1　智能家居安防系统的工作原理

当窃贼从大门进入时，门磁探测到异常情况立即发送信号到主机；从窗户进入时，幕帘式红外探测器探测到异常情况立即发送信号到主机；如果窃贼打破玻璃入室盗窃，玻璃破碎探测器将发送信号到主机；如果窃贼已经进入客厅，广角红外探测器将异常情况立即发送信号到主机。当主机接到信号后，警铃发出声响，震慑窃贼，同时报警系统还可以立即拨打用户事先设置的接警中心号码和报警电话或发送短信给用户。

可燃气体探测器和烟感探测器是同样重要的。可燃气体探测器可以在燃气泄漏时发出信号，并启动机械手关闭燃气管道，防患于未然；烟感探测器主要是针对火灾发生初期的预警，把火灾控制在最小范围，减少损失。

以下是智能家居安防系统在家庭中发挥的功能。

智能家居安防系统是同家庭的各种传感器、功能键、探测器及执行器共同构成家庭的安防体系，是智能家居安防体系的"大脑"。报警功能包括防火、防盗、燃气泄漏报警及紧急求助等功能，报警系统采用先进的智能型控制网络技术，由微机管理控制，实现对匪情、盗窃、火灾、燃气泄漏、紧急求助等意外事故的自动报警。

智能化安防技术的主要内涵是其相关内容和服务的信息化、图像的传输和存储、数据的存储和处理等。一个完整的智能化安防系统主要包括门禁、报警和监控3部分。

从产品的角度看，智能家居安防系统应具备出入口控制报警系统、防盗报警系统、视频监控报警系统、安保人员巡更报警系统、GPS车辆报警管理系统和110报警联网传输系统等。这些子系统可以单独设置、独立运行，也可以由中央控制室集中进行监控，还可以与其他综合系统进行集成和集中监控。

智能家居安防系统分为周界防卫、建筑物区域内防卫、单位企业空旷区域内防卫、单位企业内实物设备器材防卫等。智能家居安防系统的前端设备为各种类别的报警传感器或探测器；系统的终端是显示／控制通信设备，它可应用独立的报警控制器，也可采用报警中心控制台控制。无论采用何种方式控制，智能家居安防系统均必须对设防区域的非法入侵进行实时、可靠和正确无误的复核和报警。智能家居安防系统还应设置紧急报警按钮并留有与110报警中心联网的接口。

智能家居安防系统主要对应用于建筑物内的主要公共场所和重点区域进行实时监控、录像和报警时的图像复核。该系统中的视频监控报警系统的前端是各种摄像机、视频检测报警器和相关附属设备；系统的终端设备是显示/记录/控制设备，采用独立的视频监控中心控制台或监控报警中心控制台。安全防范用的视频监控报警系统应与防盗报警系统、出入口控制系统联动，由中央控制室进行集中管理和监控。独立运行的视频监控报警系统，能自动或手动切换画面，画面上必须具备和显示摄像机的编号、地址、时间、日期等信息，并能自动将现场画面切换到指定的监视器上显示，对重要的监控画面应能长时间录像。这类系统应具备紧急报警按钮和留有110报警中心联网的通信接口。

一个完整的智能家居安防系统还包括安保人员巡更报警系统、访客报警系统以及其他智能化安全防范系统。巡更报警系统通过预先编制的安保巡逻软件，应用通行卡读出器监督安保人员的巡逻轨迹（是否准时、遵守顺序等）和巡逻记录，并对意外情况及时报警。访客报警系统是使居住在大楼内的人员与访客能双向通话或可视通话，大楼内居住的人员可对大楼的入口门或单元门实施遥控开启或关闭。

7.1.2　智能家居安防系统的组成

智能家居安防系统是基于家庭安全的一种防范措施，利用物理方法或电子技术，自动探测发生在布防监测区域内的侵入行为，发出报警信号，并提示值班人员发出报警的区域。智能家居安防系统的组成部分如下。

7.1.2.1　监控系统

闭路电视监控系统在住宅小区安防系统建设中占有重要的位置，属于小区安全防范的第一道防线。一般来说，闭路电视监控系统是由房地产开发商为整个小区建设的。摄像机按照主流的技术可分为模拟摄像机和网络摄像机，模拟摄像机只能在住宅内联网监视、录像和回放监控画面，如果需要远程监控则采用网络摄像机。

应用于监控系统的传感器元件主要有普通摄像机、红外摄像机、红外夜视恒速球、透雾摄像机、录像机、显示器和视频呼叫器等。

7.1.2.2　门禁系统

门禁系统一般在小区入口处都有建设，但是很少有为每户住宅建设门禁系统的，主要原因是成本高。

读卡器可以选用卡式的读卡器，也可以选用指纹读卡器，如果家中有老人或者是小孩，建议不选用指纹读卡器。

以下是应用于门禁系统的传感器元件。

① 密码识别机：要靠密码才能打开大门。

② 卡片识别机：要用磁卡或者射频卡才能打开大门。

③ 生物识别机：通过检测及识别人员的生物特征等方式进出小区，有指纹型、虹膜型和面部识别型。

7.1.2.3　报警系统

报警系统由安防探头、报警主机和接警中心构成。安防探头分为红外微波双鉴探测器、窗磁、门磁、玻璃破碎探测器、烟雾探测器、紧急按钮和燃气泄漏探测器等，而系统的关键是接警中心。

关于防盗报警系统，除了报警门锁之外，还有紧急报警按钮。一旦发生抢劫或者非法事件，业主可以通过紧急报警按钮报警，为了排除误报的可能性，接警中心会通过对讲系统和业主联系以确认报警，如果业主被挟持，则业主输入防挟持密码撤防系统，接警中心可以知道业主受到了挟持。

7.1.3　智能家居安防系统产品及其功能

7.1.3.1　智能家居安防系统产品

（1）传感器元件

应用于防盗报警系统中的传感器元件有许多，具体见表7-1。

表7-1　应用于防盗报警系统中的传感器元件

序号	类别	说明
1	门开关报警器	防范现场传感器的位置或工作状态的变化，并将其转换为控制电路通断的变化，以此触发报警电路
2	玻璃破碎报警器	玻璃破碎报警器一般是黏附在玻璃上的，利用振动传感器来报警，但是容易出现误报

（续表）

序号	类别	说明
3	声控报警器	通过不寻常的声响来产生报警信号
4	红外线探测报警器	该报警器利用红外线能量的辐射及接收技术做成报警装置
5	双鉴探测器	将两种不同技术原理的探测器整合在一起，只有当两种探测技术的传感器都探测到人体移动时才报警的探测器被称为双鉴探测器
6	周边报警器	固定安装在围墙或栅栏上及地层下，当入侵者接近或超过周界时发出报警信号
7	感烟火灾探测器	当探测到烟雾时报警
8	感温火灾探测器	当温度、温升速率和温差等参数异常时而产生报警
9	自动喷水（气体）灭火器	当室内温度上升到一定高度时，喷头玻璃管破裂，自动喷水

（2）视频监控系统

除了家庭防盗报警系统，视频监控系统对于家庭安全也是一个很好的选择。当用户不在家时，他们可以通过手机查看家中的情况。视频录像可以存储到电脑硬盘、USB 闪存驱动器或者 SD 记忆卡，以便用户随时查看。

（3）家用无线摄像机

随着网络的普及，越来越多的家庭网络通过 ADSL 或者 FTTx 接入 Internet，使用高性能的无线室内型 AP 或者无线路由器将室内安装的无线网络摄像头与无线网络相连。

7.1.3.2 智能家居安防系统产品应实现的功能

智能家居安防系统产品应实现如图 7-1 所示的功能。

7.2 防盗报警系统

7.2.1 防盗报警系统的概述

防盗报警系统是指用物理方法或电子技术，自动探测发生在布防监测区域内的侵入行为，发出报警信号，并提示值班人员发出报警的区域，显示应对方案。

1　远程实时监控功能

用户使用监控客户端软件,可通过Internet实时查看监控视频。监控客户端软件可以安装在电脑或手机上

2　远程报警与远程撤设防功能

家庭无线视频监控系统的无线摄像机能够拍摄一定范围内的图像,并且在第一时间内将报警信息发送到用户的手机和客户端软件上。用户使用电脑或手机客户端软件,可远程对监控场所进行设防和撤防管理

3　网络存储图像功能

家庭无线视频监控系统能够通过网络保存监控视频。在无报警或撤防状态下,可按设定时间间隔定时在网络硬盘上保存监控场所的视频;在发生报警的情况下,能连续在网络硬盘上保存图像,直到解除报警为止。用户通过客户端软件可随时观看监控录像回放

4　部分系统的夜视、云台等控制功能

选择带有红外夜视功能的无线摄像机,在无光线的情况下也能正常摄像。如果使用360°旋转云台,就可以扩大监控范围,避免监控死角,使一个摄像机达到多个摄像机的效果

5　手机互动监控功能

手机是移动性最强的监控工具,我们可以在手机上安装监控客户端软件,以便查看实时的或历史的监控图像。当发生报警时,手机会收到带监控图像链接的短信,用户可以直接观看监控图像

图7-1　智能家居安防系统产品应实现的功能

防盗报警系统是预防抢劫、盗窃等意外事件发生的重要设施。一旦发生突发事件,防盗报警系统就能通过声光报警信号在安保控制中心准确显示出事地点,便于相关人员迅速采取应急措施。

防盗报警系统一般由探测器、信号传输系统、控制器和报警控制中心四部分组成,具体如图7-2所示。

防盗报警系统的最底层是探测器和执行设备(即信号、按钮、触点),负责探测非法入侵人员,有异常情况时发出声光报警,同时向区域控制器发送信号。区域控制器负责对下层探测设备进行管理,同时向控制中心传送区域报警情况。通常,一个区域控制器、探测器、声光报警设备就可以构成一个简单的报警系统。

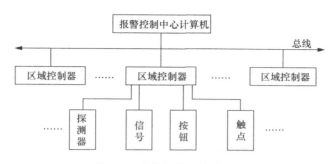

图7-2 防盗报警系统的组成

完善的防盗报警系统除了具备良好的系统功能外,最关键的两个指标就是误报率和漏报率较小。这两个指标既矛盾又统一,是区分产品品质的主要因素。

7.2.2 防盗报警系统的基本要求

该系统应对设防区域进行实时监控,如有非法入侵就要报警和复核。误报率应降低到可以接受的极低限度。

该系统应设有紧急报警装置和留有与110公安报警中心联网的接口。

该系统应能按时间、部位、区域任意编程、设防或撤防。

该系统应能显示报警区域、时间,能打印报警记录并存档备份,能提供与报警联动的监控电视、灯光照明等控制接口信号,最好能够通过多媒体实时显示现场报警及有关联动报警的位置。

防盗报警系统主要用于本区域出入口的入侵警戒、周界防护及对建筑物内区域防护和对贵重物的防护。

7.2.3 防盗报警系统的设计

7.2.3.1 系统设计要规范、要实用

防盗报警系统必须基于对现场的实际勘察,根据环境条件、防范对象、投资规模、维护保养以及接警方式等因素进行设计。该系统的设计应符合有关风险等级和防护级别标准的要求,还要符合有关设计规范、设计任务书及建设方的管理和使用要求,还应符合有关国家标准、行业标准和相关管理规定的要求。

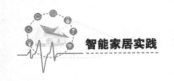

7.2.3.2　防盗报警系统的设计要素

（1）先进性和互换性

防盗报警系统在设计时应有适度的超前性和互换性，为系统的增容／改装留有余地，系统要有 20% 的冗余。

（2）准确性

防盗报警系统应能准确、及时地探测入侵行为，发出报警信号；对入侵报警信号、防拆报警信号、故障信号的来源应有清楚和明显的指示。

防盗报警系统应能进行声音复核，与电视监控系统联动的入侵报警系统工程应能同时进行声音复核和图像复核。有一点需要特别指出，防盗报警系统不允许出现漏报警的情况。

（3）完整性

系统应对入侵设防区域的所有路径采取防范措施，对入侵路径上可能存在的实体防护薄弱环节应加强防范措施。防护目标在 5 米范围内应无盲区。

（4）纵深防护性

防盗报警系统的设计应采用纵深防护体制，应根据被保护对象所处的风险等级和防护级别，对整个防范区域实施分区域、分层次的设防。一个完整的防区，应包括周界、监视区、防护区和禁区四种不同类型的防区，并分别采取不同的防护措施。

防护区内应设立控制中心，必要时还可设立一个或多个分控中心。控制中心宜设在禁区内，至少应设在防护区内。

（5）联动兼容性

防盗报警系统应能与电视监控系统、出入口控制系统等联动。当防盗报警系统与其他系统联合设计时，应进行系统集成设计，各系统之间应相互兼容又能独立工作。防盗报警的优先权仅次于火警。

7.2.4　防盗报警探测器的基本要求与选择要领

7.2.4.1　防盗报警探测器的基本要求

防盗报警探测器应具有防拆保护功能和防破坏保护功能。防盗报警探测器受到破坏时，探测器应能发出报警信号。

防盗报警探测器应具有抗小动物干扰的能力。在探测范围内，如有类似小动物的红外辐射特性的物体，探测器不应产生报警。

探测器应具有抗外界干扰的能力。干扰源包括外界光源、电火花、常温气流、发动机噪声等。

7.2.4.2 防盗探测器的选择要领

住户可根据所要防范的场所和区域，选择不同的报警探头。一般来说，门窗安装门磁开关；卧室、客厅安装红外微波探头和紧急按钮；窗户安装玻璃破碎传感器；厨房安装烟雾报警器；报警控制主机安装在房间隐蔽的地方，以便布防和撤防。我们可以修改报警主机代码，使其具体判别报警单元的常开、常闭输出信号，确认相应区域是否有报警发生的功能。小区安防和金融单位还需要安装电话拨号器，当意外发生时，通过电话线路传送报警信息给公安、消防部门或房屋主人。

7.2.5 防盗报警探测器的基本工作原理

7.2.5.1 开关报警探测器

开关报警探测器是探测器中最基本、最简单有效的装置，常用的有微动开关、磁簧开关，一般安装在门窗上。

开关可分为常开式和常闭式两种。常开式开关常处于开路，当出现情况时，开关闭合，使电路导通启动报警，这种开关的优点是平时开关不耗电，缺点是如果电线被剪断或接触不良将使其失效；常闭式开关则相反，平常开关为闭合，异常时打开，电路断路出现报警。

7.2.5.2 声控报警器

声控报警器使用传声器做传感器（声控头），用来控测入侵者在防范区域内走动或活动时发出的声响，并将此声响转换为报警电信号后经传输线送入报警主控器。声控报警器的工作原理如图7-3所示。

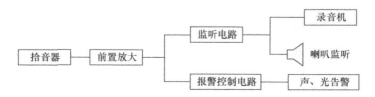

图7-3 声控报警器的工作原理示意

7.2.5.3　被动式红外探测器

被动式红外探测器是利用人体的温度进行探测的，有时也称为人体探测器。被动式红外探测器不向空间辐射能量，而是依据接收人体发出的红外辐射进行报警。在绝对零度以上的任何物体都会不断地向外界辐射红外线，人体的表面温度为 36℃，其大部分辐射的能量集中在 8 ～ 12μm 的波长范围。

（1）工作原理

在探测区域内，人体透过衣服的红外辐射能量被探测器的菲涅尔透镜聚焦于热释电传感器上。当人体在探测范围内运动时，如顺次地进入菲涅尔透镜的某一视区，又走出这一视区，如图 7-4 所示，热释电传感器对运动的人体会一会儿"看"到，一会儿又"看"不到，这种人体移动时变化的热释电信号就会触发探测器，然后发出报警信号。传感器输出信号的频率为 0.1MHz ～ 10MHz，这一频率范围是由探测器中的菲涅尔透镜、人体运动速度和热释电传感器本身的特性所决定的。

图7-4　被动式红外探测器的探测范围

被动式红外探测器的组成框如图 7-5 所示。

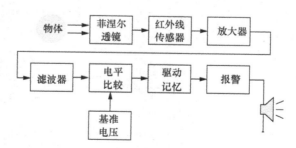

图7-5　被动式红外探测器的组成框

（2）安装原则

被动式红外报警器在结构上可分为红外探测器和报警控制两部分。

被动式红外探测器根据视区探测模式，可直接安装在墙上、天花板上或墙角。被动式红外探测器的安装原则如图7-6所示。

1	安装高度通常为2米～4米，探测器在此高度可获得最大探测的有效距离
2	探测器对横向切割探测视区的人体运动最敏感，故安装时应尽量利用这个特性以达到最佳效果
3	应该充分注意探测背景的红外辐射情况，并且要求选择的背景是不活动的
4	警戒区内最好不要有空调或热源，如果无法避免热源，则应与热源保持至少1.5米以上的间隔距离，并且探测器不要对准灯泡、火炉、冰箱散热器以及空调的出风口
5	探测器不要对准强光源，应避免正对阳光或阳光反射的地方，也应避开窗户
6	探测器视区内不要有遮挡物和电风扇叶片的干扰，也不要安装在强电磁辐射源附近（如无线电发射机、电动机）
7	不要安装在容易震动的物体上，否则物体震动将导致探测器震动，引起误报
8	要注意探测器的视角范围，防止出现"死角"

图7-6 被动式红外探测器的安装原则

（3）被动式红外探测器的布置方法

①探测器对横向切割（即垂直于）探测区方向的人体运动最敏感，故布置时应尽量利用这个特性达到最佳效果。如图7-7所示，A点布置的效果好，B点正对大门，效果差。

②布置时要注意探测器的探测范围和水平视角。如图7-8所示，探测器可以安装在顶棚上，也可以安装在墙角或墙面。但要注意探测器的窗口与警戒的相对角度，防止出现"死角"。

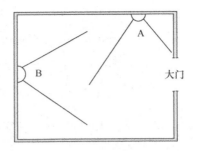

图7-7 被动式红外探测器的布置

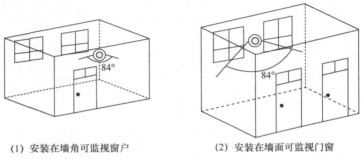

（1）安装在墙角可监视窗户　　（2）安装在墙面可监视门窗

图7-8 被动式红外探测器的安装示意

图7-9是全方位（360°视场）被动式红外探测器安装在室内顶棚上的配管装法。

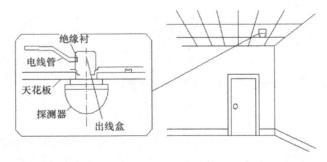

图7-9 被动式红外探测器的安装示意

7.2.5.4 主动式红外探测器（红外对射、红外栅栏）

主动式红外探测器由发射器和接收器两部分组成，工作原理如图7-10所示。

发射器向正对向安装的、在数米或数十米乃至数百米远的接收器发出红外线射束，当红外线射束被物体遮挡时，接收器即发出报警信号，如图 7-11 所示，因此也称为红外对射探测器或红外栅栏。红外对射有双光束、三光束、四光束等，红外栅栏一般在四光束以上，甚至有十几束。

图7-10　主动式红外探测器的工作原理示意

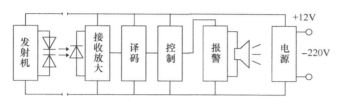

图7-11　红外对射探测器的组成

当入侵者横跨门窗或其他防护区域时，入侵者挡住了不可见的红外光束，从而引起报警，所以，探测用的红外线必须先调制到特定的频率再发送出去，而接收器也必须配有频率与相位鉴别的电路来判别光束的真伪或防止日光等光源的干扰。

安装时应注意：封锁的路线一定是直线，中间不能有阻挡物。

主动式红外探测器有以下 4 种布置方式。

①单光路由一只发射器和一只接收器组成，如图 7-12 所示。

图7-12　单光路布置

②双光路由两对发射器和接收器组成，如图 7-13 所示。

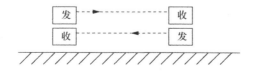

图7-13　双光路布置

③多光路构成警戒面，如图 7-14 所示。

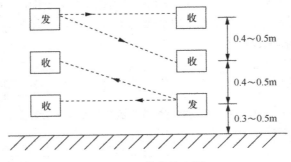

图7-14　多光路布置

④反射单光路构成警戒区，如图 7-15 所示。

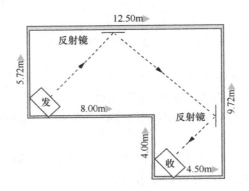

图7-15　反射单光路布置

　　主动式红外探测器应安装在固定的物体上，避免轻微晃动引起的误报，并且要极力避免树叶、晃动物体对红外光束的干扰。当使用多对红外对射探测器或者红外栅栏组成光墙或光网时，我们要避免红外光束的交叉误射。避免交叉误射的方法是合理选择发射器和接收器的安装位置，或选用不同频率的红外对射探测器，调节各探测器，使其在不同的频率段工作。

7.2.5.5　微波探测器

　　微波探测器应用的是多普勒效应原理：在微波段，当以一种频率发送时，发射出去的微波遇到固定物体时，反射回来的微波频率不变，探测器不会发出报警信号；当发射出去的微波遇到移动的物体时，反射回来的微波频率就会发生变化，此时微波探测器将发出报警信号。

微波探测器是立体探测范围的探测，可以覆盖 60°～70° 的敷设角甚至更大的角度，受气候条件、环境变化的影响较小。

微波探测器是一种利用多普勒技术设计的小型多普勒雷达。利用频率为 300MHz～300000MHz（通常为 10000MHz）的电磁波对运动目标产生多普勒效应，以此来构成微波报警装置，该探测器也称为多普勒式微波报警器。

7.2.5.6 双鉴探测器

各种探测器有其优点，但也各有其不足之处，单技术的微波探测器对物体的振动（如门、窗的抖动等）往往会发生误报警，而被动式红外探测器对防范区域内任何快速的温度变化或温度较高的热对流等也会发生误报警。为了减少探测器的误报问题，人们提出互补型的双技术方法，即把两种不同探测原理的探测器相结合，组成双技术的组合型探测器，也称为双鉴探测器。双鉴探测器集两者的优点于一体，取长补短，对环境干扰因素有较强的抑制作用。

目前，双鉴探测器主要是微波＋被动式红外探测器，微波—被动式红外双技术探测器实际上是将这两种探测技术的探测器封装在一个壳体内，并将两个探测器的输出信号共同送到"与门"电路，只有当两种探测技术的传感器同时对人体的移动和体温进行探测并相互鉴证之后才发出报警，由于两种探测器的误报基本上互相抑制，而两者同时发生误报的概率又极小，所以能大大降低误报率。

我们安装双鉴探测器时，要求在警戒范围内，两种探测器的灵敏度尽可能保持均衡。微波探测器一般对物体的纵向移动最敏感，而被动式红外探测器则对横向切割视区的人体移动最敏感。因此为使这两种探测传感器都处于较敏感状态，我们在安装双鉴探测器时，宜使探测器轴线与警戒区可能的入侵方向成 45° 夹角。

7.2.5.7 振动探测器

振动探测器是以探测入侵者的走动或进行各种破坏活动时所产生的振动信号作为报警依据。例如，入侵者在进行凿墙、钻洞、破坏门或窗、撬保险柜等破坏活动时，都会引起这些物体的振动，以这些振动信号来触发报警探测器的行为称为振动探测器。

根据所使用的振动传感器的不同，振动探测器可分为机械式振动探测器、惯性棒电子式振动探测器、电动式振动探测器、压电晶体振动探测器、电子式全面型振动探测器等。

振动探测器的安装使用要点如下。

① 振动探测器属于面控制型探测器，室内明装、暗装均可，通常安装在墙壁、天花板、地面或保险柜上。

② 探测器安装要牢固，振动传感器应紧贴安装面，安装面应为干燥的平面。

③ 振动探测器安装于墙体时，距地面高 2m ～ 2.4m 为宜，探测器垂直于墙面。

④ 振动探测器埋入地下使用时，深度宜为 10cm 左右，不宜埋入土质松软地带。

⑤ 振动探测器不宜用于附近有强震动干扰源的场所。

⑥ 振动探测器安装的位置应远离振动源（如旋转的电机、变压器、风扇、空调），如无法避开震动源，则视振动源震动情况，距离振动源 1m ～ 3m。

⑦ 振动探测器频率范围内的高频震动、超声波的干扰容易引起误报。

7.2.5.8 玻璃破碎探测器

玻璃破碎探测器是专门用来探测玻璃是否破碎的。

玻璃破碎探测器属于次声波，次声波是频率低于 20Hz 的声波，属于不可闻声波。

玻璃破碎时发出声音，频率是处于 10kHz～15kHz 的高频段，因此将带通放大器的带宽选在 10kHz～15kHz 就可将玻璃破碎时产生的高频声音信号取出，从而触发报警。但对人的脚步声、说话声、雷雨声等却具有较强的抑制作用，从而可以降低误报率。

一般的建筑物，通常其内部的各个房间（或单元）是通过室内的门、窗户、墙壁、地面、天花板等物体与室外环境相互隔开的，这就造成了房间内部与外部的环境在温度、气压等方面存在着一定的差异。特别是对于那些门、窗紧闭、封闭性较好的房间，室内外的环境差异就更大些，这会导致次声波的产生。

当入侵者试图进室作案时，必定要选择在这个房间的某个位置打开一个通道，如打碎玻璃强行进入。由于室内外环境不同所造成的温差、气压差，会在缺口打开的瞬间产生气流，并产生超低频的机械振动波，探测器会发出报警信号。

7.2.5.9 门磁探测器

门磁探测器通常分为木门磁、窗磁、卷帘门磁和铁门磁，工作原理是利用磁铁控制磁控管的开合，当两者靠拢在一起时，磁控管呈闭合状态，此时再将两者分开，磁控管就会断开，断开信号就会触发射频电路发出无线报警信号给报警主机。

7.2.5.10　烟雾探测器

烟雾探测器应用于家居、办公、商业等区域。对现场发生的火灾烟雾及时发出报警，防患于未然。

烟雾探测器就是通过监测烟雾的浓度来防范火灾的。烟雾探测器的内部采用离子式烟雾传感器。离子式烟雾传感器是一种技术先进的、工作稳定可靠的传感器，被广泛运用在各种消防报警系统中，性能远优于气敏电阻类的火灾报警器。

在内外电离室里面有放射源镅 −241 电离产生的正、负离子，在电场的作用下，正负离子各自向正负电极移动。正常情况下，内外电离室的电流、电压都是稳定的。一旦有烟雾窜逃至外电离室，干扰了带电粒子的正常运动，电流、电压就会有所改变，破坏了内外电离室之间的平衡，于是无线发射器发出无线报警信号，通知接收主机将报警信息传递出去。

7.3　视频监控系统

家庭监控是利用网络技术将安装在家内的视频、音频、报警等监控系统相连接，通过中控电脑的处理将有用信息保存并发送到其他数据终端，如手机、笔记本电脑、110 报警中心等。随着人们的安全意识逐日增强，越来越多的人，尤其是经常出差的人开始考虑安装家庭监控系统。

7.3.1　视频监控系统的定义

视频监控是通过获取监控目标的视频图像信息，对视频图像进行监视、记录、回溯，并根据视频图像信息人工或自动地做出相应的动作，以达到对监控目标的监视、控制、安全防范和智能管理。

视频监控的发展史从兴起到现在经历了模拟监控、数字监控和智能监控 3 个阶段，使用的材料和技术都有较大的区别，具体如图 7-16 所示。

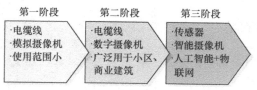

图7-16　视频监控的发展史

（1）模拟监控

第一代监控系统是传统模拟闭路视频监控系统，即闭路电视监控系统，摄像机通过专用同轴缆输出视频信号，缆连接到专用模拟视频设备，设备主要由模拟摄像机、视频画面分割器、视频线缆、矩阵、键盘及卡带式录像机构成。模拟监控有三个方面的缺点，具体如图7-17所示。

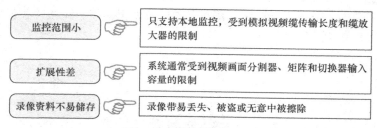

图7-17　模拟监控的缺点

（2）数字监控

数字监控系统是指通过软、硬件将监控摄像头采集到的图像处理成数字信号，传送到计算机进行处理，数字硬盘摄像头用光纤做信号输入线，取代了以前的电缆线。目前，监控摄像机在商业应用中已经普遍存在，但并没有充分发挥实时主动的监督作用，它们仅仅是将摄像机的输出结果记录下来，还需要有人在监控机房值守，否则当异常情况如盗窃事件发生后，安保人员只能通过记录结果查看事件。

（3）智能监控

模拟监控和数字监控都需要有人值守在监控机房，才能对监控到的异常情况做出及时反应。而智能监控能够7×24小时地实时监视，并自动分析摄像机捕捉的图像数据，当发生异常情况时，系统能自动发出警报，既能及时处理，又能减少人力投入。智能监控是用人工智能算法，通过自动分析摄像机拍录的图像序列，进行实现定位、识别和跟踪动态场景中的目标，并在此基础上分析和判断目标的行为。

在当前的监控系统中，模式识别应用得非常广泛。模式识别是指对表征事物或现象的各种形式的信息进行处理和分析，以对事物或现象进行描述、辨认、分类和解释的过程，能区分出移动物体的类别和行为。智能监控系统能够识别的类型如图 7-18 所示。

物体识别	能区分出移动物体的类别和行为
越界及入侵侦测	在监控范围内设置一条界限，物体越过界限会触发报警或者其他设定好的动作。如在一条道路监控中，可以横跨路面设置一条界限，当有车辆或行人穿越这个界线时，设备判断其是否非法，非法则产生报警
轨迹追踪	在摄像机监视的场景范围内，对出现的运动目标进行监测、分类识别（人、动物和车辆等）及追踪轨迹。我们可根据需要设置各种警戒要求，一旦系统监测到运动目标及其行为符合预先设定的警戒条件，则自动产生报警信息。如果一个人在视野中徘徊超过一定时间，则设备自动报警提示发现可疑行为人物
物体状态检测	当被监测区域的某件或多件物品的状态发生变化时（突然消失或突然出现），系统进行检测分析，可以分为物品消失或移动检测、遗留/遗弃物品检测等；如有背包长时间丢失在某处而无人拾取，超过设定的时间，系统将产生报警；在展厅中，如果有展示品缺失，设备也能发现并报警。该系统适用于机场、仓库、车站、展厅等场所
车牌识别	具有车牌识别功能的停车场，只要车牌区域在视频中出现过，设备就能自动识别出车牌号码。还可以用于违规车辆稽查，如某车辆在事故后逃逸，市内各要道口都安装有智能视频服务器，系统只要将需要稽查的车牌号码添加到各个智能设备中，一旦此牌照的车辆在视频中出现过，就会立即报警
车速检测	在车辆行驶路线上选取两个点，然后在经过第一点时开始计时，经过第二点时停止计时，再到现场测量两点的距离，将这些数据提前输入到设备中，设备就能自动计算出每个车辆的速度时间，超速时立即记录车牌
流量统计	利用红外线感应模块等能识别出过往的行人和车辆，同时能统计出过往的人或车的数量；不少旅游景点、公园、商场使用这种技术来统计客流量，当人数达一定数量时，就通过设置的警示牌或短信发布预警信息，以防止人流量过多带来的安全隐患

图7-18 智能监控系统能够识别的类型

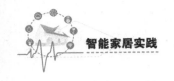

7.3.2 智能摄像头

智能摄像头在硬件配置上比传统摄像头要更加复杂，在硬件选型上如传感器、镜头及图像处理芯片方面会根据具体的应用场景而进行特别选择乃至定制，如智能安防摄像头会比较注重防眩、抗扰、防水、夜视等功能，智能家庭看护摄像头会比较注重视角、分辨率、视频压缩、实时通话、自动录像、消息推送等功能。

7.3.2.1 智能摄像头的定义

摄像头的成像过程就是将光信号数字化的过程，景物通过镜头生成的光学图像投射到图像传感器表面，然后转为电信号，经过 A/D（模数转换）后变为数字图像信号，再送到后端的数字信号处理（DSP）芯片中加工处理。智能摄像头除了具有上述功能之外，还内置了压缩模块和基于 Web 的操作系统，使视频经压缩后上传至云服务端或用户端，用户也可以通过摄像头的 IP 地址远程实时控制摄像头，如储存摄像资料或控制摄像机镜头的转动等。

7.3.2.2 智能摄像头的用途

家用智能摄像头按功能侧重点不同可以分为偏向于家庭看户的和偏向于监控安防的。用于看护孩子和老人的摄像头除了监控功能之外，还需要有双向语音通话、手机 App 远程观看功能；监控安防的摄像头则强调夜视功能，以保障即使光线较暗的环境下也能拍摄到清晰的画面。智能摄像头的应用领域如图 7-19 所示。

图7-19 智能摄像头的应用领域

7.3.2.3 家用摄像头的储存方式

在智能家居众多的模块中，监控是目前可以比较方便地实现云储存的模块之一。当前的云服务有以下两种储存方式。

（1）异地储存

异地储存即储存在由设备厂商提供的云平台上，如部分智能摄像头本身提供云服务功能，用户只需要启用云服务即可。异地储存通常是由设备厂商购买云平台服务，免费供用户使用，而用户在接入云平台后产生的数据则归设备厂商所有。如用户对个人数据的安全性要求较高，则可以自行向提供智能家居云平台服务的服务商租用平台空间，具体如图7-20所示。

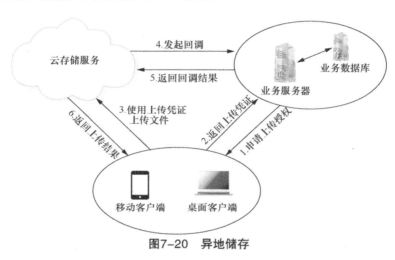

图7-20 异地储存

（2）本地储存

本地储存即储存在 SD 卡、带储存功能的路由器甚至是计算机上，尽管现在很多品牌的摄像头都支持云端录像，但受制于网络带宽，在上传录像的过程中可能会出现传输速度慢、数据丢失等情况。因此，一些用户仍然会选择本地储存。

7.3.3 家庭远程监控系统的设计

家庭远程监控系统可以分为有线和无线两种。我们在此介绍无线方式。用户使用云监控摄像机，不需要连接计算机即可独立运作，用户可以在任何地方通过网络连接监控摄像机，浏览和监看实时的高清动态影像，通常，云监控摄像机多与产品厂商监控软件配合使用。现代家庭无线网络监控结构如图7-21所示。

地点一　　　路由器　　ADSL上网　　互联网环境　　A地远程计算机

ADSL上网

地点二　　　路由器　　　　　　　　　　　　　　B地远程计算机

图7-21　现代家庭无线网络监控结构

7.3.3.1　需求分析

首先，用户应明确需要监控的地方，再进一步确定需要的摄像头个数，阳台、正门、窗户等区域都是比较容易受到安全威胁的位置。监控的地方越多，摄像头个数就越多，成本就越高。

7.3.3.2　设计原则

现在很多家庭安装了无线路由器，因此家用监控摄像头也应该支持通过Wi-Fi即可实现与外网的连接，减少了布线的工程量，也避免了因布线影响家庭整体美观的烦恼。

7.3.3.3　材料准备

使用支持云储存的智能监控摄像头不需要布线，也不需要搭建服务器，家庭监控设计就变得简单得多。在选择云摄像头时，我们需要考虑的因素有产品质量、操作流程、传输性能、连接方式、拍摄方式等。

（1）摄像头选购

目前，家用监控摄像头有固定摄像头和旋转摄像头两种型号。如果监控范围较大，我们可以考虑选择支持云台功能的旋转摄像头，通过手机就能远程控制摄像头的旋转。

（2）常见的智能摄像头品牌

常见的智能摄像头品牌有小米、360、普联（TP-Link）、中兴、小蚁及联想等。

相关知识

云台摄像机

云台是安装、固定摄像机的支撑设备，带有云台的就称为云台摄像机。云台摄像机带有承载摄像机进行水平和垂直两个方向转动的装置，可以使摄像机从多个角度摄像，与普通摄像头相比，拍摄的范围更大。云台报像机内装有两个电动机，水平及垂直转动的角度大小可通过限位开关调整。

（3）家用摄像头的安全防范

以下是专业人士给予使用摄像头的安全防范建议。

① 用户不要使用原始预设的或过于简单的用户名与密码，而且要定期更换密码。

② 摄像头不要正对卧室、浴室等隐私区域，并要经常检查摄像头的角度是否发生变化。

③ 用户要养成定期查杀病毒的好习惯。

④ 用户最好不要使用常用的80、8080端口。

7.3.4 智能监控与门锁联动形成家居安防系统

智能门锁在整个智能家居控制系统中是至关重要的。目前，智能门锁必须带有锁孔，而锁孔也是最容易被攻破的，若将智能门锁与家庭监控系统相结合，当智能门锁监测到撬锁等危险信号时，智能门锁会在第一时间通过云平台向用户发送报警信息。

7.3.4.1 监控与门锁的联动

监控与智能门锁之间要实现联动，通常要在智能门锁中内置无线通信模块实现两者之间的直接通信。当智能门锁正常开启时，智能家居控制主机将会发出撤防指令给安防设备；如果非正常开启，则控制主机发出报警指令，报警器发出声音的同时，用户手机将会收到一条推送信息。

7.3.4.2 模块的联动先是厂商的合作

监控和智能门锁属于两个不同的领域，要实现它们之间的联动，两方的厂商必须先要进行合作。对于用户来说，在选择任意一方时会受到限制，如果选择了某一品牌的智能门锁，要实现与监控之间的联动，就只能选择与该品牌智能门锁有合作的监控系统。家用安防除了监控与智能门锁之间的联动，还包括与窗户报警器、燃气报警等一整套的联动，而这种不同模块之间的联动目前尚未全部实现。

7.4 数字可视对讲系统

7.4.1 数字可视对讲系统的概述

数字可视对讲系统将通信、计算机和自控等技术和终端运用于智能化系统的设计和建设中，通过有效的信息传输网络、系统优化配置和综合应用，向用户提供先进的安全防范、信息服务、物业管理、电子商务、周边生活服务、医疗健康服务、社区论坛等方面的功能，创建一个沟通住户与住户、住户和小区管理中心、住户和外界的综合服务系统。数字可视对讲系统如图 7-22 所示。

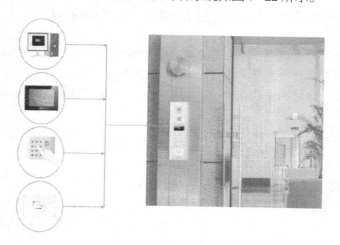

图7-22 数字可视对讲系统

数字可视对讲系统又称IP网络可视对讲系统，住宅区内所有的室内机、门口机、围墙机、管理机等终端设备采用TCP/IP技术，结合当前最新的数字音视频压缩技术、DSP技术、嵌入式指纹、流媒体及IPv6网络传输技术实现可视对讲的功能。同时，数字可视对讲系统结合家庭智能网关系统的特点，利用小区的以太网络，进行音频、视频的网络流传送及控制集成报警、门禁、智能家电等，还提供短信、社区公告等增值服务。

7.4.1.1　数字可视对讲系统的组成

数字可视对讲系统主要由IP单元门口主机、IP室内机、电源、IP管理机、管理中心、网络交换机组成，无须任何中间设备，使用成熟稳定的以太网作为联网。

终端设备之间只需通过一般的5类及以上以太网络双绞线与交换机相连接。该系统第一次安装使用时输入IP地址，一键登录管理中心即可使用。由于设备系统内部有良好的优化性能以及视频压缩处理功能，无论是在10Mbit/s、100Mbit/s或1000Mbit/s带宽的网络环境中，均能获得流畅清晰的音/视频数据以及稳定可靠的数据通信。

数字可视对讲系统示意如图7-23所示。

数字可视对讲系统的室内逻辑架构如图7-24所示。

7.4.1.2　数字可视对讲系统的功能

数字可视对讲系统的基本功能为对讲（可视对讲）和开锁。除此之外，室内机可外接摄像机，实现远程访问，监视室内的情况。另外，数字可视对讲系统还可提供在线升级服务，升级传统楼宇对讲系统的设备程序需要售后人员更换芯片才能完成，而TCP/IP数字可视对讲系统则可以直接访问网站、下载程序，还能实现远程视频点播等功能，这些都是传统楼宇对讲系统不可能实现的。

随着产品的不断丰富，许多产品还具备了监控、安防报警及设/撤防、户户通、信息的发布和接收、远程电话报警、提取留影留言等功能。门口主机除具备呼叫住户的基本功能外，还需具备呼叫管理中心的功能，红外辅助光源、夜间辅助键盘背光等也是门口主机必须具备的功能。

7.4.1.3　数字可视对讲系统的技术特点

① 数字可视对讲系统将可视对讲、安防报警、门禁、家电智能控制、信息交流和服务、网络化和智能化的管理等有机地结合起来。

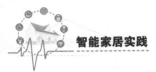

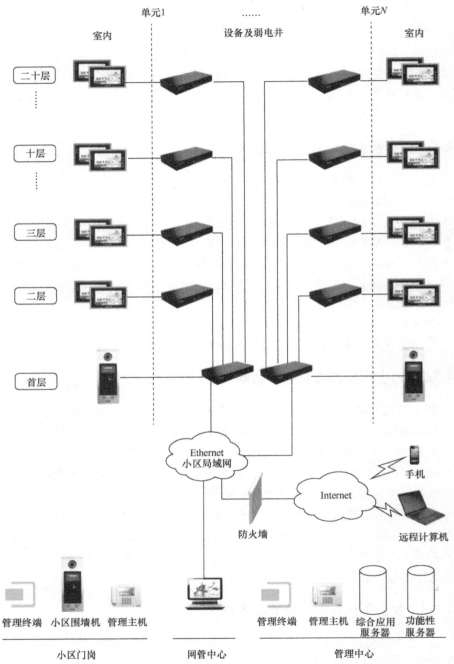

图7-23　数字可视对讲系统示意

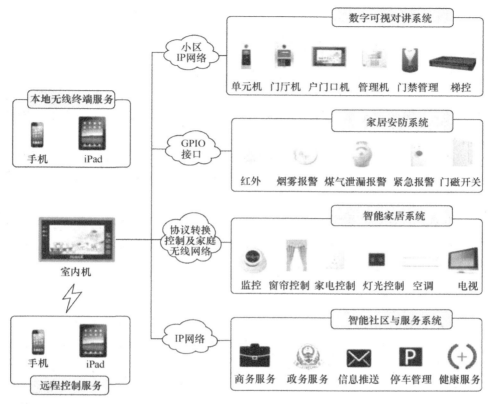

图7-24　数字可视对讲系统的室内逻辑架构

② 数字可视对讲系统采用全数字技术，传输可靠性高，完全避免了传统模拟组网远距离传输时出现的失真、干扰、衰减、放大、分配等问题。

③ 数字可视对讲系统采用国际标准的通信平台，网络扩充十分便捷，系统容量接近无限，在大型社区组网或小区分期建设时的优势尤为明显；系统可设一个总管理中心和多个分管理中心。

④ 数字可视对讲系统的终端设备之间是通过局域网互相通信的，因此每个终端只需通过一根以太网线接入社区局域网就可以实现视频、音频及控制信号的传输，易于维护网络。

⑤ 数字可视对讲系统的社区联网部分使用成熟可靠的以太网，免去复杂的中间设备，在减少组网设备投入的同时更减少了社会资源的浪费。

⑥ 数字可视对讲系统的通信能力强大，避免了因通信堵塞导致的安防信息不能及时上报或漏报等现象。

⑦ 数字可视对讲系统无须增加任何设备和线路，只要带宽足够就可实现几对

业主同时对讲，互不干扰。

⑧ 数字可视对讲系统可无缝支持以太网网络协议，可提高小区组网建设的自由性及灵活性，大大减少网络线材投入及施工投入。

⑨ 数字可视对讲系统的终端设备的核心采用的是高端、真32位的高性能、低功耗的实时数据处理器，实时处理音/视频的数据算法，实现所有信号数字化，即数字采集、数字压缩、数字传输、数字解压、数字管理和数字存储等。

⑩ 数字可视对讲系统采用业内领先的软编码技术，使系统的处理能力更加灵活，在系统升级、功能拓展等方面不受硬件限制，在节省硬件资源的同时增加了系统的稳定性，保证系统中每位用户使用信号均衡、清晰、稳定。

⑪ 数字可视对讲系统管理中心以存储和依次接收的方式接收报警，以确保每个报警信号都能发出和被接收。

7.4.1.4　数字可视对讲系统与智能家居

数字可视对讲系统又称为 IP 网络可视对讲系统，所有的室内机、门口机等终端设备均采用 TCP/IP 技术，因此可以与智能家居控制系统结合。融合了智能家居控制功能的对讲室内机将有可能逐渐成为智能家居的控制中心，后续也会将越来越多的附加功能加入其中。例如，我们将安防、家电控制、信息服务、娱乐等功能集合在数字室内机中，通过数字室内机再去控制其他智能设备或设备之间的联动。我们将无线红外探测器、门磁和紧急按钮等探测设备和紧急报警设备与室内机联动，在用户布防后，当无线红外探测器探测到红外热源信号、无线门磁识别到门窗被打开或室内的无线紧急按钮被触发时，报警主机立即发出报警信号至报警中心。

7.4.2　数字可视对讲系统的设计

7.4.2.1　需求分析

（1）业主的需求

对家居生活，除了传统的安全性、舒适性的需求，业主更加注重生活的简单化、智能化和个性化，业主还需要更多娱乐、服务及信息交互的功能。数字可视对讲系统应在图 7-25 所示的 8 个方面满足业主的需求。

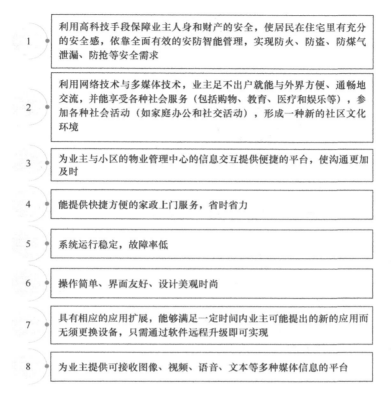

1	利用高科技手段保障业主人身和财产的安全，使居民在住宅里有充分的安全感，依靠全面有效的安防智能管理，实现防火、防盗、防煤气泄漏、防抢等安全需求
2	利用网络技术与多媒体技术，业主足不出户就能与外界方便、通畅地交流，并能享受各种社会服务（包括购物、教育、医疗和娱乐等），参加各种社会活动（如家庭办公和社交活动），形成一种新的社区文化环境
3	为业主与小区的物业管理中心的信息交互提供便捷的平台，使沟通更加及时
4	能提供快捷方便的家政上门服务，省时省力
5	系统运行稳定，故障率低
6	操作简单、界面友好、设计美观时尚
7	具有相应的应用扩展，能够满足一定时间内业主可能提出的新的应用而无须更换设备，只需通过软件远程升级即可实现
8	为业主提供可接收图像、视频、语音、文本等多种媒体信息的平台

图7-25 业主的需求

（2）物业管理部门的需求

为业主提供高效、优质、人性化的物业管理，共同构筑和谐、舒适、安全的社区环境。数字可视对讲系统应成为物业管理部门和业主沟通交流的媒介以及提供增值服务的平台。在此之上，物业管理部门能实现更有效和人性化的管理，倡导新型的物业管理模式，提升管理水平。物业管理部门对数字可视对讲系统的需求如图 7-26 所示。

（3）房地产开发商的需求

对房地产开发商来说，选择智能化楼宇对讲产品不是简单的产品购买与安装，而是需要一个智能化的解决方案，这个方案应根据当前项目"量身订造"，该方案的选择必须考虑到楼盘的市场定位、竞争环境、物业管理、周边环境以及设备的稳定性、可靠性、可拓展性等众多因素，只有这样才能选择到最优化、最适合、性价比高的解决方案，减少无谓的人力与物力，并对智能化建设起到示范作用。房地产开发商对数字可视对讲系统的需求如图 7-27 所示。

1	能通过公共设备管理系统解决物业管理难的问题
2	能实现家庭安防与物业管理的无缝集成，做到全面监控、报警及时、快速处理
3	利用小区对讲系统单元主机，实现发布社区文化、广告、通知、新闻、引导等信息内容，丰富小区文化，提高社区服务，将业主从家中吸引到公共区域，增进邻里之间的交流
4	远程抄收计量表
5	利用电子化信息发布、意见反馈及建议征询，达到高效全面、省时、省力、省钱的目的
6	提供一个可以为物业管理部门创收的增值服务平台（如门口机的视频广告服务）
7	能及时响应业主的服务和诉求
8	系统易维护

图7-26　物业管理部门的需求

1	以实用为核心，系统功能以人为本。技术上兼具高科技性和成熟性、开放性和标准性
2	小区布线简单，可以节省线材，减少占用社会资源，设备易安装
3	系统具备运行稳定、可扩展、易维护等特点
4	性价比高

图7-27　房地产开发商的需求

7.4.2.2　数字可视对讲系统的设计理念

相关人员在进行数字可视对讲系统功能设计、网络选择、设备配置时，依据此小区的市场定位确定系统功能需求，遵循"技术和功能匹配、设备和技术匹配、设备和设备匹配"的原则，以目前稳定、可靠的以太网数字化传输为核心，以嵌入式开发的设备为主体，使系统可实现楼宇对讲、家居安防、智能家居、户户通等功能。系统旨在给小区业主提供一份安全、方便、可靠的居家保障，让业主真切体验到"数字化、网络化"的生活方式，为整个小区创造舒适、优雅、便利、安全的环境，将冰冷的物业管理变为人性化的管理。

7.4.2.3　数字可视对讲系统的设计原则

　　数字可视对讲系统是一个完整的、独立的系统，在满足小区安防系统的要求之外，还又可嵌入综合信息管理平台。数字可视对讲系统在设计时应遵循如图7-28所示的原则。

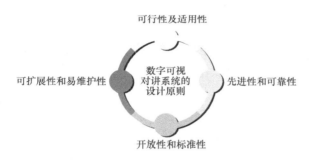

图7-28　数字可视对讲系统的设计原则

　　（1）可行性及适用性

　　相关人员在设计数字可视对讲系统时要保证技术上的可行性和经济上的适用性。当今科技发展迅速，可应用于住宅小区的技术和产品层出不穷，设计选用的系统和产品应能够使用户或甲方得到实实在在的收益，满足近期使用和远期发展的需要。在多种实现途径中，相关人员应选择经济可行的技术与方法；以现有成熟的技术和产品为对象进行设计，同时考虑到周边信息、通信环境的现状和发展趋势，并兼顾管理部门的要求，使系统的设计方案可行。

　　（2）先进性和可靠性

　　数字可视对讲系统的设计既要保证系统的先进性，又要注重系统的稳定性、可靠性。这样，系统出现故障或事故导致瘫痪后，还能确保数据的准确性、完整性和一致性，并具备迅速恢复的功能。尤为重要的是，重要的系统应具有高的冗余性，确保正常运行。

（3）开放性和标准性

为满足数字可视对讲系统所选用的技术和设备的协调运行能力，以及系统投资的长期效应和系统功能扩展的需要，系统设计必须坚持开放性和标准性。系统的开放性已成为发展的一个方向。系统的开放性越强，系统集成商就越能够满足用户对系统的设计要求，系统也更能体现出科学、方便、经济、实用的原则。

标准化是科学技术发展的必然趋势，在可能的条件下，数字可视对讲系统中所采用的产品都应尽可能标准化、通用化，并执行国际上通用的标准或协议，保障自身具有极强的互换性。

（4）可扩展性和易维护性

为了适应小区功能变化的要求，数字可视对讲系统在被设计时应以最简便的方法、最经济的投资，实现系统的扩展和维护。

理想的住宅小区，除了要有合理的规划、优美的环境和配套齐全的设施等"硬件"环境，还要具有功能齐全的"软件"环境，即多样化的信息服务、安全舒适的居住环境、方便周到的物业管理和丰富多彩的社区文化。

全数字可视对讲系统的技术方案

1. 工程概况

略。

2. 需求分析

近年来，楼宇可视对讲系统作为楼宇智能化的一部分，在住宅小区的安全防范中起到积极的作用。经历十几年的发展，楼宇对讲系统已由最初的单户型、单元型、总线联网型、半数字联网型系统，发展到现在基于TCP/IP的全数字可视对讲系统。全数字可视对讲系统应具备以下功能：

① 住户通过铃声提示、语音与视频，确认访客的身份；

② 住户可实现遥控开锁、密码开锁、感应卡开锁的门禁功能；

③ 管理员、访客可主动呼叫住户；

④ 住户、访客可主动呼叫管理员；

⑤ 住户、管理员可主动监视单元主机的视频；

⑥ 小区内任意住户与住户之间能语音通话；

⑦ 门口主机采用高清摄像机，让住户清晰看到访客样貌；

⑧ 室内机可以调用周边的摄像机视频，随时监视小区内的情况；

⑨ 室内机可切换监视多个门口机视频；

⑩ 室内机通过扩展模块可接多路有线/无线报警探测器；

⑪ 系统支持信息发布功能；

⑫ 系统支持访客/住户留影、留言功能；

⑬ 系统可扩展家电控制功能；

⑭ 系统支持简单网络管理协议（Simple Network Management Protocol，SNMP），实现在网设备的统一管理；

⑮ 系统可对所有在网设备进行远程升级。

3. 系统的详细设计

（1）系统概述

楼宇可视对讲系统是占小区智能化系统投资较大的系统，小区应该尽量选用性价比较高的产品，以节约建设成本。开发商应考虑采用数字化TCP/IP可视对讲系统，以减少施工布线和人工等费用。全数字系统可以将住户室内分机、单元门口主机、围墙机、可视对讲主机等通过交换机等网络设备接入小区局域网，整个系统通过可视对讲管理平台被统一管理。

全数字可视对讲系统主要是由管理主机、室内分机、门口主机、围墙机组成的。整个系统采用国际通用的TCP/IP，真正做到TCP/IP到户。不管是室内分机还是室外分机都分配一个唯一的IP地址，系统通过SNMP实现对在网设备的统一管理，实时监测在网设备，一但设备异常，管理中心会第一时间发现并及时上门解决故障，给用户带来极大的便利。

管理主机、室内机、门口机等设备均采用稳定的嵌入式Linux技术，系统安全、稳定、可靠。

（2）系统拓扑

略。

（3）系统功能

1）可视对讲功能

① 访客与住户通话：访客可通过小区围墙机、单元门口机呼叫住户，对应的住户室内机即发出铃声提示。住户按下通话键与访客可视对讲，确认访客的身份后，住户可在室内按开锁键远程打开单元门，让访客进入单元。

② 管理中心与住户通话：物业管理人员可通过管理机呼叫任意住户分机，与住户实现双向对讲；住户也可通过室内机呼叫管理中心。

③ 访客与管理中心通话：访客通过单元门口机或者围墙机，可呼叫住户与管理中心。当访客呼叫的住户不在家时，访客可以在门口主机上选择给住户留影、留言。

④ 住户与住户之间可以户户可视通话：小区内任意两个室内分机之间可实现双向语音对讲。系统并不占线，不影响其他的呼叫。室内机通过扩展摄像头还可实现视频通话的功能。

2）门控开锁功能

① 遥控开锁：访客呼叫住户后，住户确认访客的身份，按下室内机的开门键，大门即自动打开。访客进入后，大门自动关闭。小区管理中心的管理员也可通过管理机遥控开启各栋楼门口的电锁。

② 密码开锁：住户也可以通过密码打开单元大门。一户一码，同时，住户能随时更改自己的密码。

③ 感应卡开锁：住户也可以通过感应卡打开单元大门。该卡还可以实现停车场、门禁等一卡通的功能。

3）视频监控功能

① 监控门口：住户可以通过室内机的监控功能，调用门口主机的视频图像，实时关注小区门口、单元门口的情况。

② 监控IPC：住户能实时关注主要位置的视频图像。

4）家庭报警功能

① 本地报警：室内分机可接入不同类型的报警探头，如烟感、燃气、门磁等，实现家居环境实时感知，保障住户的人身财产安全。

② 报警信息的查询：室内分机可记录报警事件，还可用于查询报警记录。

5）信息存储、发布功能

① 点对点信息发布：管理中心可向指定的用户发送信息。

② 群发公告信息：管理中心可向住户群发社区公告。

③ 访客留影、留言功能：访客可通过门口机给住户留影、留言。

6）SNMP功能

① 系统自检功能：系统应采用标准的TCP/IP，支持SNMP，可对所有在网设备进行统一管理。

② 时钟同步功能：系统可对所有在网设备进行时钟同步。

7）免打扰功能

室内机可开启免打扰功能，从而处于静音状态。

（4）系统组成

1）小区入口

略。

2）单元门口

访客经过住宅园区大门围墙机的确认，到达单元门口后还需要经过二次确认。每个单元门口配置一台彩色可视的门口机，访客通过单元门口机呼叫楼内住户，住户可通过室内机应答单元门口机的呼叫，经视频、声音确认后开锁让访客进入。

全数字可视对讲系统没有烦琐的中间设备，摒弃了如联网控制器、联网选择器、多门选择器、信号放大器、信号隔离器等系统中无法省去的中间设备。整个单元只需一台汇聚交换机作为接入点，门口机可通过接入汇聚层的交换机连接小区局域网。同时，门禁系统也要配合门口主机开锁，门锁、闭门器、开门按钮要相互匹配，避免关门时产生的噪声影响低层住户的休息。

地下室安全保障比较薄弱，是小区安防不可忽视的区域，在很多情况下，犯罪分子会趁机从地下室走上单元楼道，对小区住户的生命财产安全构成严重威胁。地下停车库到单元的楼梯口的必经之处应配置一台门口机，访客想要进入单元门必须通过该门口机与住户确认，否则无法进入单元楼内。

3）户内

住户家中安装住户室内分机，有访客呼叫时，住户通过室内机的显示屏观察门口的图像，在确认访客的身份后，住户通过可视分机上的开锁键控制楼梯口的门锁打开，让访客进入。

一般情况下，室内分机放置在客厅进门处，考虑到住户家里的老人及小孩，故安装高度不宜过高，室内分机安装高度为底边距地 1.2 ～ 1.5m。

室内分机上配有开锁、呼叫、监视等按键，通过相应按键，住户可通过室内分机与管理中心进行可视通话，还可以监视本单元楼出入口的人员进出情况，实现开启楼梯口门锁等功能。住户可以根据自己的喜好选用不同款式的机型。

4）小区管理中心

略。

5）信号传输

略。

6）系统供电

略。

（5）系统布线

布线是可视对讲系统施工的重要环节，系统布线必须根据网络的性能、线缆的特性、系统的建设成本以及相关标准综合规划设计。

（6）主要设备的功能及参数

略。

第8章

智能照明控制系统

　　智能照明控制系统在确保灯具能够正常工作的条件下，给灯具输出一个最佳的照明功率，既可减少由于过压所造成的照明眩光，使灯光所发出的光线更加柔和，照明分布更加均匀，又可大幅度节省电能，节电率可达 20% ～ 40%。智能照明控制系统可在照明及混合电路中使用，适应性强，能在各种恶劣的电网环境中和复杂的负载情况下连续稳定地工作，同时还可有效地延长灯具的寿命并减少维护成本。

　　智能照明控制系统是对灯光进行智能控制与管理的系统，与传统照明系统相比，它拥有灯光软启、调光、一键场景、一对一遥控及分区灯光全开全关等功能，并有遥控、定时、集中、远程等多种控制方式，用户甚至可通过计算机控制灯光，通过这些功能及方式，系统可达到智能照明的节能、环保、舒适、方便等目的。

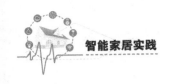

8.1 智能照明控制系统的概述

8.1.1 智能照明控制系统的发展

当今是网络化的时代，数字控制技术水平不断提高，网络化技术正逐渐渗透到各种传统的控制之中。在灯光控制领域，照明控制系统已经不满足于单纯地提供亮度这一功能，正逐渐面向具有系统控制方式的灵活和视觉上的美感的方向发展。

8.1.1.1 发展智能照明控制系统的必要性

传统的灯光控制方式是能量流和信息流的组合，控制方式简单、有效、直观，但是一旦完成布线后，系统就不能再改动，想要满足更复杂的控制要求时，布线量将大大增加，这使得系统的可靠性下降，一旦出错，检查线路也相当费时。随着大量商用办公楼和复式住宅的推出，办公楼管理人员和用户需要监控灯具的实时工作状况，而传统技术无能为力；至于提供安全、舒适、便利的生活环境，实现灯具联动，根据环境自动调整或控制灯光的亮度等，更是传统的灯光控制系统无法实现的。综上所述，传统的灯光控制系统已经不能满足现代化发展对灯光的控制要求。智能照明控制系统把控制方式、电子技术和网络通信技术集于一体，解决了传统控制方式相对分散和无法有效管理等问题，而且具备了许多传统控制方式无法实现的功能，如场景设置以及与建筑物内其他智能系统的关联调节等。

8.1.1.2 智能照明控制系统的概念

智能照明控制系统一般由执行器、网络通信单元和控制终端组成，遵循统一的网络协议，借助各种不同的"预设置"控制方式和控制元件，精确设置和合理管理不同时间、不同环境下的灯光亮度。智能照明控制系统在建筑物中的应用不但具有操作简单、维护方便的优点，而且可以满足工作和生活的多样性要求，还可以有效地延长灯具的寿命，节省能源消耗。

8.1.1.3 智能照明控制系统的发展状况

现代意义上的智能照明网络是从舞台照明控制系统中发展起来的。1986 年，美国影视剧场技术协会（USITT）的工程委员会开始制定控制灯光设备和附件的数字式传输标准——DMX512 协议，并于 1990 年发布正式文本。现在的专业调光网络领域中影响较大的 ACN 协议和 ART-net 协议都是在此基础上发展而来的。一些厂商已经开始设计符合以上标准的灯光网络系统构架，并制造相应的灯光网络产品。

随着楼宇自动化和办公自动化的兴起，智能照明控制系统的应用场景从剧场的舞台逐渐转向各种建筑物，控制范围和规模从单个厅室扩展到整个高层的所有厅室。灯光控制方式已经由集中控制转为集散控制和分布式控制。

与此同时，面向智能家居的灯光控制协议也纷纷涌现。根据开发背景和功能特点，协议大致可以分为以下3类：

① 著名的灯光设备制造厂商单独开发的，如C-Bus、Dynet协议；

② 某一领域的厂商联合，针对专门调光系统制定的协议，如DALI协议；

③ 智能家居协议中的灯光控制部分，如EIB和X10等。

这些协议比较形式多样，各自拥有自己的优势，但业界目前缺少统一的智能家居通信协议，这对智能照明控制系统的发展是一种阻碍。所以，选择一种适合家庭使用的、符合智能家居要求的控制协议已经迫在眉睫。

8.1.2 智能照明控制系统的功能

这里简单地介绍一些智能照明控制系统的常用功能，如图 8-1 所示，这种智能照明控制系统是可以自由设置的，所以人们可以根据个人的需要赋予它更多的功能。

图8-1 智能照明控制系统的常用功能

8.1.2.1　集中控制和多点操作功能

该功能可实现通过任何一个地方的终端控制不同地方的灯，或者是通过不同地方的终端控制同一盏灯的目标。我们可以使用各种设备管理智能照明控制系统，如iPad、电话等，用户可以在任意时间、任意地点控制自己房间内的照明设备。

8.1.2.2　软启功能

该功能的作用是当用户开灯时，灯光由暗渐渐变亮；关灯时，灯光由亮渐渐变暗，避免亮度的突然变化刺激人眼，给人眼一个缓冲，保护眼睛。该功能还可避免大电流和高温的突变对灯丝的冲击，延长照明设备的使用寿命。

8.1.2.3　灯光明暗调节功能

不同灯光亮度的调节，能为用户创造不同的氛围舒适、宁静、和谐和温馨的氛围，柔和的灯光能给用户一个好心情，稍暗的灯光可以帮助用户安静思考，明亮的灯光可以使气氛更加热烈。而这些操作的实现是非常方便的，用户可以通过本地开关调节灯光的明暗，也可以利用集中控制器或者是遥控器调节灯光的明暗度。

8.1.2.4　全开、全关和记忆功能

智能照明控制系统可以实现照明设备一键全开或一键全关。用户在入睡或是离家前，可以按下全关按钮，此时，照明设备将全部关闭。

8.1.2.5　定时控制功能

通过日程管理模块，照明设备可以在用户预先设定的时间被打开或关闭，如每天早上 7 点，卧室的照明设备被开启，并调节至一个合适的亮度；在深夜，全部的照明设备自动关闭。

8.1.2.6　场景设置

对于固定模式的场景，用户无须逐一地开关灯和调光，只需要通过一次编程就可以通过一个键控制一组灯，这就是场景设置功能。用户只需一次操作即可实现多路灯光场景的转换，还可以得到想要的灯光和电器的组合场景，如回家模式、离家模式、会客模式、就餐模式、影院模式和夜起模式等。

8.1.2.7 本地开关

用户可以按照平常的习惯直接控制本地的灯光。用户可根据需求设定开关所需控制的对象，比如门厅的按钮可以用来关闭所有的灯光，这样，当用户离家时，一按开关即可关闭所有灯光，既节能、安全，又非常方便。

8.1.2.8 红外、无线遥控

在任意房间，用户可用红外手持遥控器控制所有联网照明设备（无论照明设备是否安装在本房间内）的开关状态和调光状态。用户可在进入房间前用遥控器将照明设备打开，就不用在黑暗中寻找灯的开关了。根据户型大小的不同，遥控器的型号也有所不同，如四位遥控器适用于二室一厅，六位遥控器适用于三室一厅，另外还有八位、十位、十二位、十六位遥控器适用于复式公寓或别墅。

8.1.2.9 电话远程控制

用户使用手机可远程控制照明设备的灯光或场景。

8.1.2.10 停电自锁

智能照明控制系统还有停电自锁的功能，即用户家中停电又来电后所有的照明设备将保持关闭状态。智能照明控制系统还能和安防系统联动，当发生警情时，用户家中阳台的灯会不停地闪烁报警。

8.1.3 智能照明控制系统的主要特点

一套完善的智能照明控制系统应具备以下特点。

8.1.3.1 创造有效率的照明环境，节约能源

智能照明控制系统应能充分利用自然光，实现灯光亮度的智能调节，这样能利用最少的能源保证所需的灯光亮度，节能效果十分明显。

8.1.3.2 延长照明设备的寿命

智能照明控制系统具有软启动和软关断技术，避免了开启照明设备时电流对灯丝的热冲击，延长了照明设备的寿命。

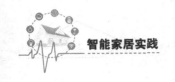

8.1.3.3 提高照明质量

智能照明控制系统会按照预先设置的标准亮度使照明区域保持恒定的照度，而不受照明设备效率降低和墙面反射衰减的影响。

8.1.3.4 以人为本的科学化照明

智能照明控制系统以人的行为、视觉功效、视觉生理和心理研究为基础，开发更具科学含量的、以人为本的高效、舒适、健康的智能化照明设备，进一步满足不同个体、不同层次群体的照明需求，这是使照明从满足一般需求转变为满足个性需求的必不可少的技术手段。

8.1.4 智能照明控制系统的原理与组成

智能照明控制系统是基于计算机控制平台的全数字、模块化、分布式总线型控制系统。中央控制器、模块之间通过网络总线直接通信，利用总线实现照明、调光、百叶窗、场景和控制等功能的智能化，从而形成完整的总线系统。该系统可依据外部环境的变化自动调节总线中设备的状态，达到安全、节能、人性化的效果，并能在后续的使用中，根据用户的要求，通过计算机重新编程来增加或修改系统的功能，而无须重新敷设电缆。智能照明控制系统可靠性高、控制灵活，这是传统的照明控制方式所无法做到的。

智能照明控制系统主要由调光模块、开关模块、控制面板、液晶显示触摸屏、智能传感器、PC 接口、时间管理模块、手持式编程器和监控计算机（大型网络需网桥连接）等部件组成。

8.2 智能照明控制系统的设计

8.2.1 系统设计的原则

8.2.1.1 技术先进性与成熟性

智能照明控制系统的设计所选取的信息采集技术、通信传输技术、信息处理和系统控制技术应具有先进性，并需具有一定的成熟性，技术要足够可靠。

8.2.1.2 一定的兼容性

智能照明控制系统的通信协议各层次标准和设备的软硬件接口等应具有一定的兼容性，在一定程度上能够兼容市场上的主流产品或模块，兼容各种主流的通信方式和接口。

8.2.1.3 升级扩展性

智能照明在市场和技术两方面的发展都非常迅猛，智能照明控制系统应具备较好的升级和扩展能力，系统的硬件接口、通信协议和操作系统设计时应考虑为有需要连接新模块或新功能的设备提供较强的扩展性。

8.2.1.4 实用性和便利性

智能照明的基本目标是为人们提供一个舒适、方便和高效的照明环境。智能照明控制系统的设计要考虑使用时具备实用性和便利性，应摒弃华而不实的功能。

8.2.1.5 系统安全性

安全性也是系统设计的重点，系统安全性设计包括硬件设备需要设计保护电路，软件和操作系统需要加强防火墙等安全设置内容，以防止外网黑客入侵，损害用户的安全和利益。

8.2.2 系统设计前要考虑的关键问题

设计一个基于智能家居的智能照明控制系统所涉及的关键问题如下。

8.2.2.1 实现功能

相关人员在对系统进行设计时，要按照用户的需求、当前的科学技术发展水平和市场的现状，明确系统能够实现哪些功能，确定了功能和目标才能进行合理的设计。

8.2.2.2 通信技术

互联互通技术是智能照明控制系统运行的核心技术之一。当前的通信技术种类繁多，各有特点，且市场上现有的系统和产品使用的通信技术并不统一。智能

照明控制系统在设计时，要在通信技术的选择上兼顾先进性、成熟性、安全性、实用性、可兼容性、可扩展性和便利性等原则，且要能融入智能家居控制系统。

8.2.2.3　信息处理和控制

信息处理和控制系统的设计也是智能照明控制系统设计前应考虑的一大重点，该系统要实现的功能包括分析和处理传感器采集的数据、收集终端节点的信息并下发命令、实现大数据分析方法和人工智能技术等。数据处理方式可以被定义为一种分布式处理方式，传感器和节点的前端处理、网关数据的汇集处理、个人计算机和移动终端的核心数据处理及云平台大数据的处理共同存在，相互配合，协同工作。

8.2.2.4　传感器

随着传感器技术与检测技术的发展，智能照明控制系统的"感官系统"有了长足的进步，智能化程度也越来越高，可以实现许多预想的功能。传感器的功能、种类的选择也是智能照明控制系统设计前面临的一个重要课题，系统设计过程中应围绕需要实现的功能和系统设计原则选择合适的传感器。

8.2.3　系统设计的内容

8.2.3.1　系统的架构

智能照明控制系统为分布式结构，通信方式以无线方式为主，以电力载波为辅。

智能照明控制系统包括计算机、嵌入式控制器、电力线载波中继和前端区域，具体如图 8-2 所示。其中，前端区域包括主控制器、若干单元调光控制器、电力线载波中继以及遥控器，具体如图 8-3 所示。

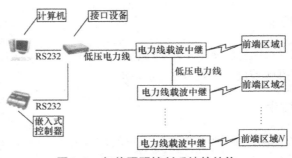

图8-2　智能照明控制系统的结构

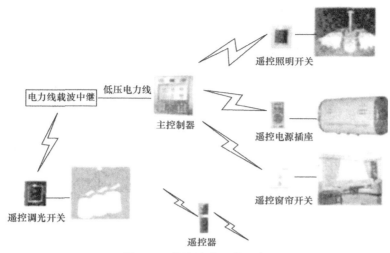

图8-3 前端区域组成示意

一个主控制器控制多个单元调光控制器,各单元调光控制器也可自主控制。主控制器与多个单元调光控制器间通过无线方式交换数据。其中,遥控器的控制方式灵活多样,既可遥控主控制器,也可直接控制某单元调光控制器。

单元调光控制器与主控制器都具有遥控器学习功能。用户可根据自己的需要,设定遥控器上每一个按键的功能,甚至可以一键多控;通过主控制器可以设定每一个单元调光控制器的亮度和情景模式等,主控制器可记录和显示设定值;各单元调光控制器通过光敏元件感知亮度,调光方式为前端斩波,具体如图8-4所示。

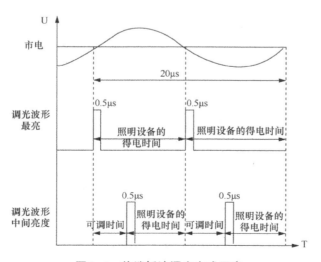

图8-4 前端斩波调光方式示意

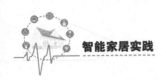

在图 8-4 中，主控制器通过调节"可调时间"来控制一个周期内照明设备的得电时间，从而调节照明设备的亮度。单元调光控制器可以通过无线接收模块接受主控制器的控制，学习遥控器后，也可以直接接受手持遥控器的控制。

传统机械式开关的控制标准是控制火线。为了安装方便，以及出于直接替代传统的机械式开关而无须修改室内线路的目的，单元调光控制器要设计为"单线制"取电模式。

8.2.3.2　智能照明控制系统的灯光设计

1. 客厅

客厅是会客的区域，也是一个家庭集中活动的场所，系统可以用不同的灯光相互搭配产生不同的照明效果，如娱乐、会客等场景模式。

2. 餐厅

用户可将餐厅的照明模式设为中餐、西餐等多种灯光场景，营造一种或温馨或浪漫或高雅的就餐环境。

3. 卧室

卧室是休息的地方，需要营造一种宁静、祥和的休息氛围，卧室灯光同时也要满足阅读、看电视等不同亮度的要求。

4. 厨房

厨房要有足够的亮度，而且宜设置局部照明。

5. 卫生间

卫生间暂无灯光设计要求，应设置局部照明。

8.2.3.3　电气节能设计

1. 光源选择

智能照明控制系统能对大多数照明设备进行智能调光，并能及时关掉不需要的照明设备。智能照明控制系统一般可以帮助用户节约 20% ～ 40% 的电能，既降低了用户的电费支出，又减轻了供电压力。

2. 改进照明设备的控制器

照明设备损坏的一个主要原因是电网的电压过高。因此，有效抑制电网电压的波动可以延长照明设备的寿命。智能照明控制系统可以成功地抑制电网的冲击电压和浪涌电压，使照明设备不会因上述原因损坏。同时，智能照明控制系统采用软启动和软关断技术，避免了开启照明设备时电流对灯丝的热冲击，进一步延长了照明设备的寿命，从而减少了更换照明设备的工作量，减少照明设备的运行费用。通过上述方法，照明设备的寿命通常可延长 2 ～ 4 倍。

3. 充分利用自然光

智能照明控制系统在满足照度、光色、显色指数的要求下，应采用高效光源及高效照明设备，对能利用自然光部分的照明设备或可变照度的照明设备采用成组分片的自动控制开、关方式，达到照明节能的效果。

智能照明控制系统可采用全自动的状态工作，它有若干个基本状态，这些状态会按预先设定的时间自动切换，照度将自动调整到最适宜的水平。当天气发生变化时，无论在什么场所或天气如何变化，系统均能自动调节，保证室内的照度维持在预先设定的水平。

4. 选择照明配电

设计中应考虑稳定电压的措施，如采用照明专用的变压器，并且必要时自动稳压；和电力负荷共用变压器时，应避开冲击性负荷对照明设备的影响；提高 $COS\Phi$；降低线路阻抗，适当加大截面；采取合理的控制方式。

5. 利用可再生能源

太阳能是一种可再生的绿色光源，我们可运用各种集光装置完成对太阳能的采集。实施照明的空调一体化技术（实质上是经过空调型照明装置与建筑构造的整合，达到提高照明质量、节约电力能源和优化室内环境的目的的一种建筑化照明技术）可完成对太阳能的储存，从而实现对可再生能源的利用。

8.2.4 系统设计的步骤

8.2.4.1 选用适当技术规格的控制器

① 对按电光源性质和场地照明效果设计的灯光布置进行回路的分类或分组，形成逻辑上可独立控制的灯路。

② 计算每条回路的实际视在功率并统计系统总回路数。

③ 按计算出的功率和回路数选择相应型号、规格和数量的控制器。

④ 将确定的控制器绘入图纸。

8.2.4.2 选择用户控制面板

用户控制面板的操作方式与常规使用的开关面板类似，不同的是用户控制面板上的每个按钮能完成各种不同的智能任务，并不受控制区域范围的限制。

8.2.4.3　形成分布式控制网络系统

分布式控制网络系统通过用一条五类通信线将区域内的所有控制面板、辅件和开关控制器等连接起来的方式构成。

① 选配系统其他控制辅件；

② 将每一个实际控制区域或系统设计区域内选用的控制面板、控制辅件和控制器等用五类通信线全部按菊花链的方式连接起来，构成整体的控制网络系统。

某智能照明控制系统的功能与控制流程

一、系统组成

该智能照明控制系统由中央控制器、智能调光板、智能 LED 灯泡和远程控制设备等组成。

二、设备的基本功能

（一）中央控制器

① 收集系统中各个设备传输过来的数据：获取智能调光板的工作状态（各系统参数），获取智能灯泡的状态（各个灯泡工作状态下的亮度、颜色等）。

② 对收集来的数据进行分析整理：用户可以在中央控制器上配置不同的场景方案（会客模式、睡眠模式、家庭影院模式、温馨模式和离家模式等），达到一键设定整个智能照明控制系统中所有灯泡的目标；用户可以通过统计自己不同时间段的常用设置采用比例来智能地调整方案；用户可以通过远程控制获取智能照明控制系统的状态，也可以远程直接控制智能照明控制系统。

③ 中央控制器具有响应各种查询的能力，可响应用户远程控制终端的控制和查询命令。

④ 用户可以在中央控制器中根据个人的喜好设置不同的场景模式来控制智能照明控制系统。中央控制器也可以统计 / 学习用户喜好的模式，在不同的时间自动设置不同的场景模式。

（二）智能调光板

① 可以手动旋钮、触摸滑动调节亮度和无级调节亮度。

② 支持调节 LED 灯 / 白炽灯的亮度。

③ 支持状态实时反馈，LED 支持多种亮度 / 颜色配置。

④ 支持通过远程终端（便携设备）进行控制。

（三）智能 LED 灯泡

（1）支持远程 Wi-Fi/ZigBee 控制亮度和颜色。

（2）支持远程状态反馈，支持定时设置（开启 / 关闭）等功能。

三、控制流程

某智能照明控制系统的控制流程如图 8-5 所示。

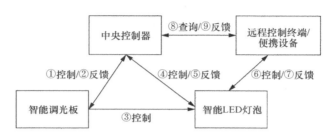

图8-5　某智能照明控制系统的控制流程

① 中央控制器可以通过红外/RF 发送命令给智能调光板来设置智能 LED 灯泡的亮度和渐变时间；向智能调光板发送工作、静默等命令；可以定时发送查询命令从而获取智能调光板的配置以及工作状态的信息；可以通过监控系统判断用户是否在家，当检测到用户处于离家状态后自动关闭智能照明控制系统，实现节能减排。

② 智能调光板完成对系统中各智能 LED 灯泡的不同设置并反馈调整情况以及自身的工作状态信息，带有用电量检测的智能调光板也可以统计设备的耗电量并将其反馈给中央控制器。

③ 智能调光板针对不同的照明设备采用不同的调光方式，完成对智能 LED 灯泡亮度的控制。智能调光板可以使用渐变方式控制照明设备以减少亮度突变对用户眼睛造成的伤害。

④ 智能 LED 灯泡支持无线远程控制，中央控制器可以根据用户的设置对不同智能 LED 灯泡进行不同颜色的控制。

⑤ 照明设备直接通过无线信号反馈该设备的状态信息，便于控制和管理。

⑥ 用户可在家中直接通过便携设备上的 App 完成对家中灯光的调节。

⑦ 照明设备可以反馈设置后的状态信息，以便用户直接查看；可以提供断电记忆的功能，下次打开时保持前一次的设置，减少用户的操作次数。

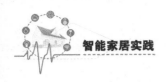
⑧ 远程控制终端可以通过中央控制器实现远程一键设置场景的功能，用户可以通过远程控制终端查看整个智能照明控制系统的状态信息。

⑨ 中央控制器响应远程控制终端的查询，并及时反馈智能照明控制系统的状态信息；响应远程控制终端的控制命令并反馈结果。

某照明控制系统的方案

本方案中的照明控制系统由以下 3 个能够独立运行的模块组成。

1. 灯光控制器

灯光控制器是直接作用于白炽灯上控制灯光亮度的模块。该模块能够独立运行，即使不接入网络进行远程控制，在本地也可以实现智能控制的效果。

灯光控制器可以将灯光调节成满足不同使用场景需要的不同状态，通过这种方法实现有效节能。

（1）什么是灯光调节

灯光调节其实就是根据家中某一区域的使用功能、不同的时间段、室外光亮度等来控制照明。其中最重要的一点就是可进行预设，即具有将照明亮度转变为一系列程序设置的功能。这些设置也被称为场景，因为它本身就是根据人们对于不同场景的灯光需求来设置的，它可由调控器系统自动调用。

灯光调节的方式是借助各种不同的"预设置"控制方式和控制元件，对不同时间、不同环境的光照度进行精确设置和合理管理，实现节能。可调光技术使家中整个照明系统可以按照经济有效的最佳方式准确运作，能够最大限度地节约能源，与传统的照明控制方式相比较，可以节约 20% ～ 30% 的电能。

（2）灯光控制器的作用与功能

灯光控制器可将灯光渐调到预设级别，这在第一次开灯时尤其重要。将灯光渐调到设定级别，也称为"软启动"，这种方式可以极大地延长灯泡的使用寿命。使用 10% 的调光级别可将灯泡的使用寿命延长两倍，而有使用 50% 的调光级别可延长 20 倍。一般的灯光控制器通常使用一个可变电阻器，通过手动控制一个晶闸管来改变加在灯上的电压，从而达到调光的目的。这种调光开关的原理非常简单，但是通用性并不好：其一，这种调光开关并不能回到一个先前设定的亮度状态;其二,断电并恢复以后,这种调光开关并不能把灯光状态恢复,因为这种调光开关没有内存,不能记忆工作状态;此外,这种调光开关还不能实现一些人性化功能,例如灯光亮度的渐变功能等。

所以,手动控制的可变电阻调光开关在工作时存在很多限制。鉴于这种状况,本方案提出了一种基于单片机的、拥有内存的灯光控制器。它的原理是通过电路把按键动作送到单片机,通过编程让单片机识别出开关是被单击、双击还是被长按:当开关被单击时,灯光控制器增加或者减弱一档亮度;当开关被双击或长按时,灯光控制器则可以实现一些特殊的人性化功能。单片机式灯光控制器和传统灯光控制器的功能比较见表8-1。

表8-1 不同类型灯光控制器的功能比较

功能	传统(电阻式)灯光控制器	单片机式灯光控制器
有无灯光亮度控制	有	有,可以自动调整
有无人性化功能	无	有,可通过编程设定
有无断电状态记忆	无	有,适用于有存储器的单片机
有无智能家电扩展	无	有,可以添加嵌入式网络接口

(3)灯光控制器的设计

1)硬件电路的设计

硬件电路的设计主要分为以下3个方面。

① 电源电路:电源电路起到一个220VAC ~ 3VDC稳压电路的作用,同时,其还应该拥有在可控硅导通的时间内持续为控制器供电的能力。

② 交流过零点采样电路:交流电的频率为50Hz,取得交流过零点等于为控制器提供了稳定的时间间隔,为软件的编写提供了时间基准。

③ 可控硅及保护电路:由于控制器所带的负载功率较大,一般为几百瓦到上千瓦,所以通过可控硅的最大瞬时电流可达14A左右,而且交流电上还可能会发生瞬时的电压波动。为了保证可控硅的稳定可靠工作,对可控硅的保护电路的设计也是非常重要的。

2)软件功能的设计

软件功能的设计除了实现基本的调光功能外,还应该添加一定的方便人们使用的功能。

所以,模块的设计要求为:设计一个家庭使用的、单路额定功率

1000W 的灯光控制器。由于该产品需要出口到美国，所以最终产品的可靠性需要达到 ANSI/UL 1472-2006 固态微光控制器安全标准中指定的要求，该标准指定了 300W 以上的家用灯光控制器的安全标准。

本次设计中灯光控制器的设计功率为 1000W，灯光亮度的调整范围为 25%（L_{min}）～ 72%（L_{max}），最终需要通过 UL 的认证。UL 认证中指定了灯光控制器机械、电气、发热等方面的要求。在控制器稳定工作、携带实际最大负载功率时，相关人员要把整个控制器装入封闭的墙体内连续工作 20 小时，还要保证控制器运行正常，各项功能都能实现，同时，各个采样点的温度必须控制在标准的范围内。对于额定功率 1000W、最大亮度为 72% 的灯光控制器来说，实际最大负载的计算方法如下。

$$P/L_{max} = 1000W/0.72 = 1389W$$

即当负载为 1389W 时，在任何一个亮度点，各个温度采样点的温度都不能超过表 8-2 所示的最高容许温度。

表8-2　固体调光器的热学UL标准

温度采样点	最高容许温度
前面板	60℃
后面板	75℃
PCB	105℃
电感线圈	90℃
电源进线	105℃
电源出线	105℃
半导体器件	125℃
环境温度	25℃

2. 网络接口

网络接口是直接和灯光控制器相连接的模块，使灯光控制器能够增加网络接入功能。该模块的功能是接入网络后能够接收远程控制命令，返回当前灯光控制器的运行状态，并和灯光控制器通信。

3. 控制终端

控制终端需要实现的功能是提供一个可视化的界面，使人们在终端上可以方便地控制灯光控制器或者查看其他智能家电的运行状态信息。

本方案中的控制终端能实现基于计算机平台的灯光控制功能，因为以计算机网络平台为基础的控制终端系统具有以下优点。

（1）优秀的兼容性和扩展性

各种模块接口能协调管理照明、控制、娱乐、安全、电话等多种系统，用户可以按照住宅或经济实力来定制智能家居系统，添加新的子模块。

（2）智能家居信息平台可以提供高级控制特性

系统允许用户通过简单的操作来定时控制设备、灵活地规划和更改控制流程，实现组合控制和条件控制等。

（3）操作界面友好，无须专门学习即可轻松掌握

通过清晰明了的智能家居管理界面，用户可以方便地对电视机、空调等设备集中进行单功能控制或组合控制，将多种家用电器设备的一系列动作包含在一个组合按钮中，从而完成对多种家用电器的操作。由于可自行定义所有的控制，组合控制流程可以根据实际需要，实现自由调整和改变。

基于以上优点，用户可以远程控制家庭网络上的各种智能家电设备，查看它们的工作状态。通过控制终端内部事先设定好的控制策略，或者自定义的控制策略，用户可以让家电设备按照自己的想法工作。

灯光控制终端作为智能家庭网关的一部分，同样也需要考虑以上几个方面的因素，除了应能够实现可视化远程控制家庭内部的灯光控制器以外，还应该能够方便地设定各种工作模式，以达到方便人们生活的目的。除了灯光控制以外，其他智能家电的控制也可以通过类似的方式添加。

综上所述，本方案中完整的照明控制系统的结构如图8-6所示。

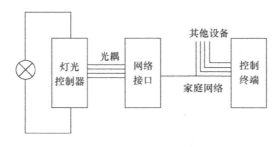

图8-6　照明控制系统的结构

其中，3个模块都能够独立工作。分模块独立进行设计的好处是可以把照明控制系统的设计思路和控制方法方便地应用到其他智能家电的控制中。

第9章
发展智能家居的难点与对策

目前，国内很多企业转向智能家居领域，要么提供产品，要么提供服务，因此，该行业的发展速度较快，但我国该行业的发展还处于起步阶段。未来，智能化无疑是家居领域发展的方向。

9.1 发展智能家居的难点

9.1.1 智能硬件面临的困境

智能硬件是指通过软、硬件结合的方式，对传统设备进行改造，进而拥有智能化功能的硬件。智能化之后，硬件具备连接的能力，可加载互联网服务，形成"云 + 端"的典型架构，具备了大数据等附加价值。有时，智能硬件代指智能家居。

9.1.1.1 智能化程度不及预期

智能硬件的关键应用是大数据、人工智能以及云服务等，但目前涉及这些方面的智能产品还比较少。当前，智能家电产品的不智能性主要体现在智能化程度低、产品无法互联等，具体如图 9-1 所示。

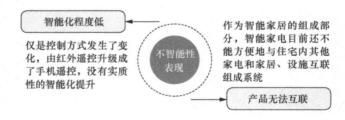

图9-1 智能家电产品不智能性的表现

9.1.1.2 产品缺乏创新

当前的智能家居大多只是将操作方式改成了手机控制，只是带来了操作上的便利，没有实质上的创新。此外，功能同质化也是智能家居产品面临的一大困境，同类型产品的智能化功能，甚至不同类型产品的智能化功能，都有同质化的现象。

9.1.1.3 操作方式主要依靠手机App

操作过度依赖手机，这是目前最普通的情况。目前，大多数智能家居产品都依赖于手机才能实现更多的功能，离开手机的智能产品虽然也有部分智能体验，但是不够完整，用户体验上差了很多。

9.1.2 智能软件面临的困境

9.1.2.1 对硬件衔接不通畅

某研究机构做过一项调查，用户对安排和管理设备的 App 感到不满意。研究人员分析了关于使用智能家居设备和应用程序的 50000 条评论后发现，有的智能家居设备的硬件和软件与实际使用有着很大的脱节。

9.1.2.2 App多，互不通用

目前，很多厂商的智能家居系统都未被整合在一起，每个厂商使用不同的无线通信技术以及不同的协议，协议一般是由厂商自定的。

9.1.2.3 大数据没有实际应用

智能家居控制系统所产生的数据包含的面非常广，既有硬件传感器的数据，也有硬件本身的数据运行状态、用户和硬件交互的数据，还有用户通过 App 等客户端产生的数据，以及用户自身的使用习惯和生活场景的数据等。智能家居大数据采集有价值的内容，包括 App 的使用情况、故障自诊断信息、服务运营信息、用户画像、设备使用状态、用户使用行为、App 交互行为、用户信息数据、设备功能信息、用户信息、设备日志、App 日志、子设备参数与运行状态等内容。

要对每天生成的大容量数据进行有用信息的采集，需要大量的资金和人力支持，但企业在这方面还没有成熟的应用。智能家居的一切功能少不了大数据的支持，智能家居需要有后端的云平台，成熟的智能家居设备需要成熟的大数据技术作为支撑，来解决设备故障问题及居家用户的个性化需求。由于缺乏大数据的支持，目前的智能家居功能远未达到智能这一层面。

9.1.3 智能家居面临的整体困境

随着经济、技术和人工智能的不断进步，人们对居住环境的要求也越来越高，智能家居行业的发展越来越受到人们的关注。在我国，越来越多的人在家庭装修时选择购买智能家居产品，对智能家居产品的使用也大大提高了人们的居住质量。

但是，智能家居行业在发展过程中面临的问题也很多。

9.1.3.1 安装维护难

智能家居涉及电工、通信等多方面的知识，这给安装和维修都带来了不小的难度。业内人士称：调试一个智能家居控制系统最少要专业人士上门 50 次。这不仅产生了巨大的人工费用，也带来了大量的沟通成本。

某调查机构的一项调查结果显示：超过 1/3 的受访者会在设置或操作智能家居设备的过程中遇到问题；近 1/4 的受访者表示他们在设置这些设备时，会碰到解决不了的问题，最后会退还设备并要求退款。消费者在安装和使用新的设备时：平均需要联系 2.1 家公司，进行 2.7 次以上的讨论，见到 3.1 个不同的人员；平均而言，消费者需要花费大约 1.5 小时解决设备问题，花费 1 小时与客服人员进行沟通；超过一半的消费者阅读了产品所提供的说明手册，1/5 的消费者要求朋友或家人帮忙。

9.1.3.2 实用性不足

一些看似高科技的智能产品其实在很多场景下并不实用：一部分原因是厂商在思考产品创意时，没有更多地从用户的角度考虑，造成实用性不足。

9.1.3.3 产品售价偏高

某项对相关企业的调研显示，企业的不同产品售价差距较大，有的单个产品的售价达上千元，消费者购买一整套普通的智能家居控制系统需要花费几万元。对于一般的家庭来说，这超出其承受能力，也会影响其消费的选择。

9.1.3.4 稳定性待提高

万物互联是现代智慧生活的必然，所以，智能家居的定位是非常重要的，最重要的一点就是要足够稳定，因为不稳定也无从谈起智能。智能家居的稳定性一直是消费者关注的重点。一套完整的智能家居系统的稳定性主要包括产品模块的稳定性、系统运行的稳定性、线路结构的稳定性、集成功能的稳定性和运行时间的稳定性，这些取决于产品所用的材料质量、网络传输技术和方式以及安装形式（相对有线传输来说，无线传输的稳定性差，而被广泛使用的无线连接技术，如 Wi-Fi、蓝牙、ZigBee 和红外的稳定性又各有差别）。另外，有的智能家居产品中使用电池，如智能门锁、智能窗帘等使用锂电池甚至是干电池，一旦单品功耗太大，电池寿命就会缩短，这就很难保证单品使用的稳定性与操作的便捷性。

要解决这个问题，就需要提高产品的质量。另外，如果要追求稳定，产品则尽量选择有线方式布线。此外，网络的速度也对无线智能家居产品控制的稳定性有一定影响，随着网络带宽的增加，智能家居产品控制的稳定性也将提高。

9.1.3.5　售卖渠道有待扩展

涉及智能家居的产品品种多样，覆盖了生活的各个方面，传统的电子产品几乎都有对应的智能产品，如插座、冰箱、电视、空调、窗帘和灯具，但对应的智能产品在家电售卖市场出现的频率不高。目前，用户能接触到智能家居产品的途径主要有网络、样板房、智能家居平台及装修公司等，具体如图9-2所示。

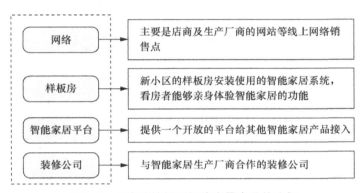

图9-2　用户能接触到智能家居产品的途径

随着智能家居产品的普及，人们的认知程度提高，智能家居产品有望像普通商品一样摆放在商场里，方便用户购买。

9.1.3.6　没有统一标准

Wi-Fi、蓝牙、ZigBee是当前智能家居控制系统常用的无线通信技术，每种技术都有自己的优点，如传输距离、可连接的设备数量等，短时间内还没有一种新的标准能够取代当前这几种标准，并兼顾它们的优点。两种产品之间使用同一种协议，只能说明两者之间有了互联的基础，但真正实现连接还是要靠软件，这就是每个智能家电厂商都必须通过同一个App来操控自己的产品的原因。即使是同一家生产厂商，如果其产品使用不同的无线连接技术，则不同产品也需要通过家庭网关或转换插座来实现互联。

2014年7月，Google旗下的Nest联合三星、ARM、SiliconLabs等推出了一个新的网络协议——Thread，其有望统一标准。Thread是一种可靠、性价比高、

低功耗的无线通信开放标准，也是一种基于简化版 IPv6 的网状网络技术，旨在实现家庭中各种产品间的互联，以及与网际网络和云的连接的标准。现有的无线通信协议都存在这样那样的问题：Wi-Fi 的功耗比较大，蓝牙只支持两台设备间的互相传输且不支持 IPv6；ZigBee 成本高且信号不太稳定以及穿墙能力较弱等。Thread 则避免了现有无线连接标准的缺点，其基本特性主要表现在以下 6 个方面，如图 9-3 所示。

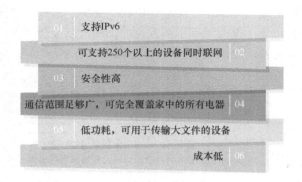

图9-3　Thread的基本特性

9.1.3.7　社会各行业合作体系尚待建立

目前，很多关于智能家居的应用仍属于设想阶段，如：一台智能冰箱可以通过网络向商场或超市发出采购信息，商场或超市将订购的物品送货上门；测量血压、血糖等的仪器能把测量数据直接传到社区医院等。这一系列的智慧生活都需要提供服务的一方来配合实现。当前，在这一方面的配合还只体现在智能家居厂商与房地产商线上线下销售的结合，服务整合鲜有案例。

9.1.4　人才和技术瓶颈

智能家居是物联网大框架的应用场景之一。它的智能化体现在对环境数据的搜集、提取以及做出何种反应上，智能化程度取决于人工智能的水平。但目前智能家居面临缺乏相关领域的专家的困境。有研究称：此专业的一个博士大概需要 5 年的培养时间，但是人工智能在实践中的应用也是近年来才大量兴起的，这意味着现在该领域的专家特别少，可以说弥足珍贵。

9.1.4.1 人工智能人才供求严重失衡

目前，我国约有 20 所大学的研究实验室专注于人工智能的研究，高校教师以及在读硕博士约 7000 人；产业界相关人员约 39000 人，这远不能满足我国市场百万级的人工智能人才需求量。

人才培养需要时间，短期内需求缺口很难得到有效填补。在过去几年中，我国期望在人工智能领域工作的求职者以每年翻倍的速度迅猛增长，特别是偏基础层面的人工智能职位，如算法工程师职位的供应增幅达到 150% 以上。尽管增长如此高速，但人工智能人才培养所需的时间和成本远高于一般 IT 人才。人才不足是制约我国人工智能产业发展的主要因素。

9.1.4.2 行业人才分布失衡

从产业发展来看，我国人工智能领域的人才分布严重失衡。人工智能产业由基础层（包括芯片、处理器、传感器等）、技术层（自然语言处理、计算机视觉与图像、机器学习、深度学习、智能机器人等）和应用层（语音识别、人脸识别）等组成。目前，我国产业层次人才分布不均，人工智能产业的主要从业人员集中在应用层，基础层和技术层人才储备薄弱。

9.1.4.3 人工智能的应用不广泛

人工智能的研究领域包括机器人、语言识别、图像识别、自然语言处理和专家系统等。智能家居中的人工智能应用目前大多体现在人脸识别、图像识别等方面，而语音、机器人神经网络等真正让家居变得智能起来的应用还在起步阶段。

9.2 对智能家居行业的几点建议

关于智能家居行业存在的问题，行业内外都提供了众多解决办法，具体总结如下。

9.2.1 创建统一标准

创建统一标准可以缓解智能家居产品的碎片化生产问题。智能家居是由多个智能硬件组合而成的系统，它们可能来自不同的厂商，使用不同的通信技术。如某用户使用华为手机，家中还有小米的智能套装，装有美的空调，以及使用海尔的电视，用着某品牌的智能门锁，在这种情况下，用户手机里要装好几个厂商的App。如果这些智能产品所采用的无线技术不同（如 Wi-Fi、蓝牙、ZigBee），可能还会用更多的网关，因此，各厂商需要共同制定新的标准来解决这一问题。

智能家居在标准化接口和通信协议（家电和网络能够彼此相容）等方面的技术标准还难以统一。不同技术标准的存在是智能家居不能迅速普及的障碍，故相关部门应加速出台智能家居、数字家庭网络系统规范及产品标准，目前，相关部门已经开展了工作。

9.2.1.1 居住小区产品应用技术标准

据悉，中华人民共和国住房和城乡建设部正在制定智能家居产品相关的国家技术标准，以规范智能家居产品的应用并实现智能家居控制器的互换。实现智能家居控制器互换的关键是制定统一的通信协议，这个协议包括家庭控制总线的协议和智能家居控制器互联的 IP 层应用协议。由于智能家居中的控制对象和功能是有限的，可以归类编码，因此，该类协议的制定有一定的基础。制定协议的方法可以在汇总目前主流厂商产品的协议并进行分析整合后产生。

9.2.1.2 国家标准《建筑及居住区数字化技术应用》

国家标准《建筑及居住区数字化技术应用》经国家标准化管理委员会批准立项，由中华人民共和国住房和城乡建设部牵头组织，相关单位共同制定。虽然我国目前制定的关于数字家庭网络系统的标准在技术上条件尚未成熟，但是随着技术的不断发展，标准会不断完善。智能家居标准化进程的不断推动必定会让智能家居得到迅速发展。

9.2.2 升级坚持渠道和服务的创新

当前，国内的智能家居以集成为主，无法投入大量的成本服务用户，这导致用户获取售后服务的难度加大。另外，从技术层面来看，智能家居厂商还需要在技术突破上花功夫，有所创新。

9.2.3 升级智能家居应具备的特点和功能

随着人们生活水平的不断提高，普通工薪消费者逐渐成为智能家居市场的潜在消费群体。智能家居的研发和生产企业应加强行业技术层面的交流、产品互融、控制成本，从不同层面满足消费者的实际需求并了解价格是否能被消费者所接受。智能家居应具备"实用""易用""好用"的特点，能具备日常所需的可视对讲、安防报警、灯光控制、窗帘控制、家电控制等功能，利于大批量的定制安装。未来几年，安装方便、功能实用、操作便捷、节能耐用、稳定性高的智能家居一定能在家庭中普及。

9.2.4 简化操作功能并加强售后维护保障

产品质量是关键，售后保障服务更是重中之重。企业在研发智能家居产品时，应充分考虑大众消费者的使用习惯，简化操作步骤；适当增加操作的娱乐性、趣味性、便捷性（比如增加电子商务功能、游戏功能、在线支付缴费功能、查询功能等）；融入绿色节能的概念，降低家电的能耗；将室内现有的电网、电视网、宽带网等网络优化整合，降低布线的烦琐程度。

9.2.5 积极布局，培训与体验同步进行

智能家居要入驻千家万户，不能仅仅依靠广告宣传，更多的是需要依靠对现有家装设计人员的培训，当前，许多家装公司的设计人员不了解智能家居的概念和设计理念，在面对用户时，无法详细地描述智能家居为生活提供便利的场景。除了培训家装设计人员，还需要在各个城市开设智能家居体验馆，让用户亲身体验，只有用户亲身体验了，才能知道智能家居给生活带来的便利，才可能产生购买欲。

参 考 文 献

[1] 柳卫林. 基于 ZigBee 技术的智能家居控制系统的设计与实现 [D]. 上海：东华大学, 2010.

[2] 应继军. IPTV 技术与数字家庭网络应用 [J]. 中国有线电视, 2008, (2): 177−180.

[3] 胡晶晶. 家, 温暖安全的港湾——探秘智能家居系统 [J]. 现代工业经济和信息化, 2012, (1): 72−74.

[4] 陈杨, 吴海燕. 基于 Zigbee 的智能家居实时监控系统的设计 [J]. 电子技术与软件工程, 2015(8): 181−182.

[5] 黄向骥. 基于 CC2430 的无线智能家居系统的设计 [D]. 武汉：武汉理工大学, 2010.

[6] 何凤娇. 智慧家居产业发展策略研究 [J]. 电信快报, 2016, (2): 20−25.

[7] 侯自强. 家庭网络和数字家庭 [J]. 电子世界, 2004, (4): 2−3.

[8] 张达勇. 智能家居系统的功能安全设计 [J]. 数字社区 & 智能家居, 2010.

[9] 许克定. 智能家居系统技术探讨 [J]. 电子世界, 2012(8).

[10] 聂磊, 裴雪. 物联网引发智能家居系统设计新趋势 [J]. 大众文艺, 2013(4).

[11] 王飞跃, 黄小池. 基于网络的智能家居系统现状和发展趋势 [J]. 家电科技, 2001(6).

[12] 朱顺兵, 张九根. 智能家居系统的关键技术与设计 [J]. 建筑电气, 2003(5).

[13] 徐卓农. 智能家居系统的现状与发展综述 [J]. 电气自动化, 2004(3).

[14] 董杰. 智能家居系统的组成及设计 [J]. 科技情报开发与经济, 2005(3).

[15] 张璐. 智能家居系统人机关系研究 [D]. 江苏：江南大学, 2008.

[16] 苏义超. 基于 ARM−Android 的智能家居系统研究 [D]. 广州：华南理工大学, 2015.

[17] 袁帅. 基于自适应动态规划的智能家居系统研制 [D]. 山东：山东建筑大学, 2015.

[18] 夏浩淼. 基于 ARM 的智能家居系统的研究与设计 [D]. 昆明：昆明理工大学, 2015.

[19] 刘寰 . 基于 ARM 与 ZigBee 的智能家居系统的设计与研究 [D]. 西安：西安建筑科技大学 , 2015.

[20] 张凤岭 . 基于 ARM 和 Zigbee 的小区智能家居系统 [D]. 天津：天津理工大学 , 2015.

[21] 郑风 . 多屏互动在智能家居系统下的研究与实现 [D]. 四川：西南科技大学 , 2015.

[22] 卢伟 . 基于 μTenux 的智能家居系统网关的设计与实现 [D]. 大连：大连交通大学 , 2015.

[23] 应华平 . 基于 Android 与 ZigBee 的智能家居系统的设计与实现 [D]. 南昌：南昌大学 , 2015.

[24] 张伟宏 . 论物联网下智能家居发展及趋势 [J]. 电脑与信息技术 , 2014, (3): 60−63.

[25] 查珑珑 . 浅析物联网智能家居发展 [J]. 科技信息 , 2012, (25): 42−63.

[26] 戚振兴 . 浅议我国智能家居发展 [J]. 轻工科技 , 2009, (10): 63−64.

[27] 孙前祖 . 浅谈我国智能家居发展的问题及解决 [J]. 科技经济导刊 , 2017.